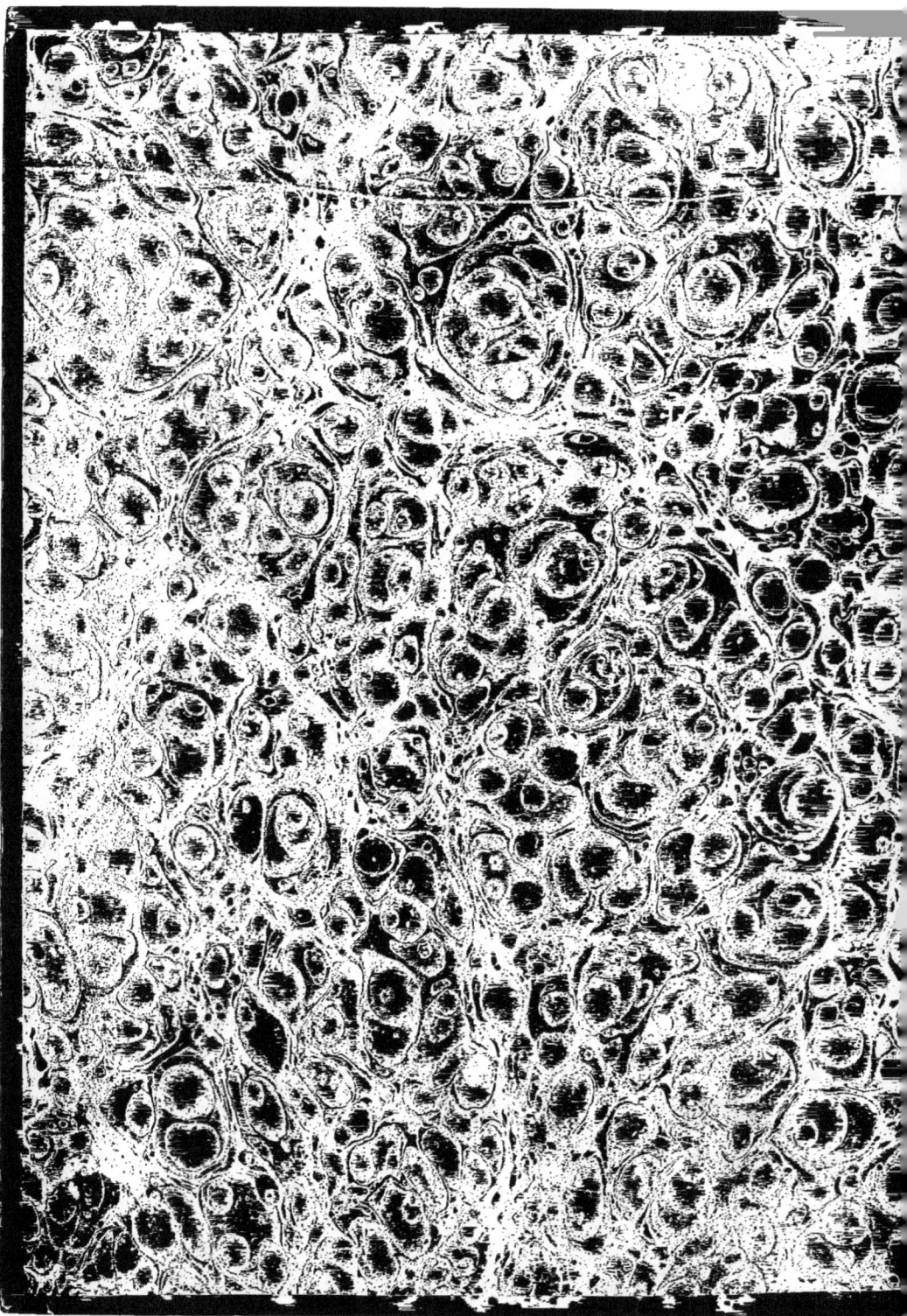

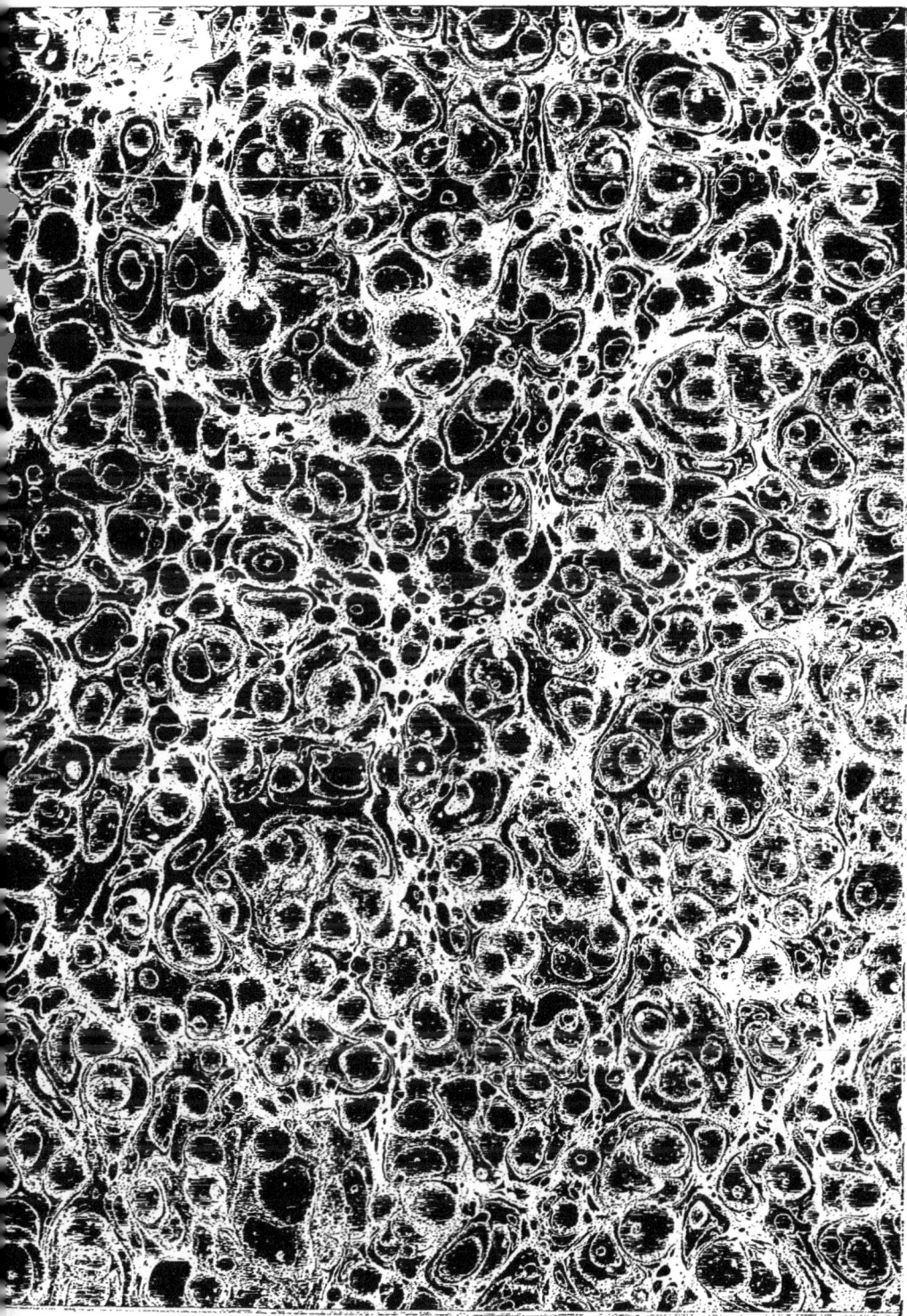

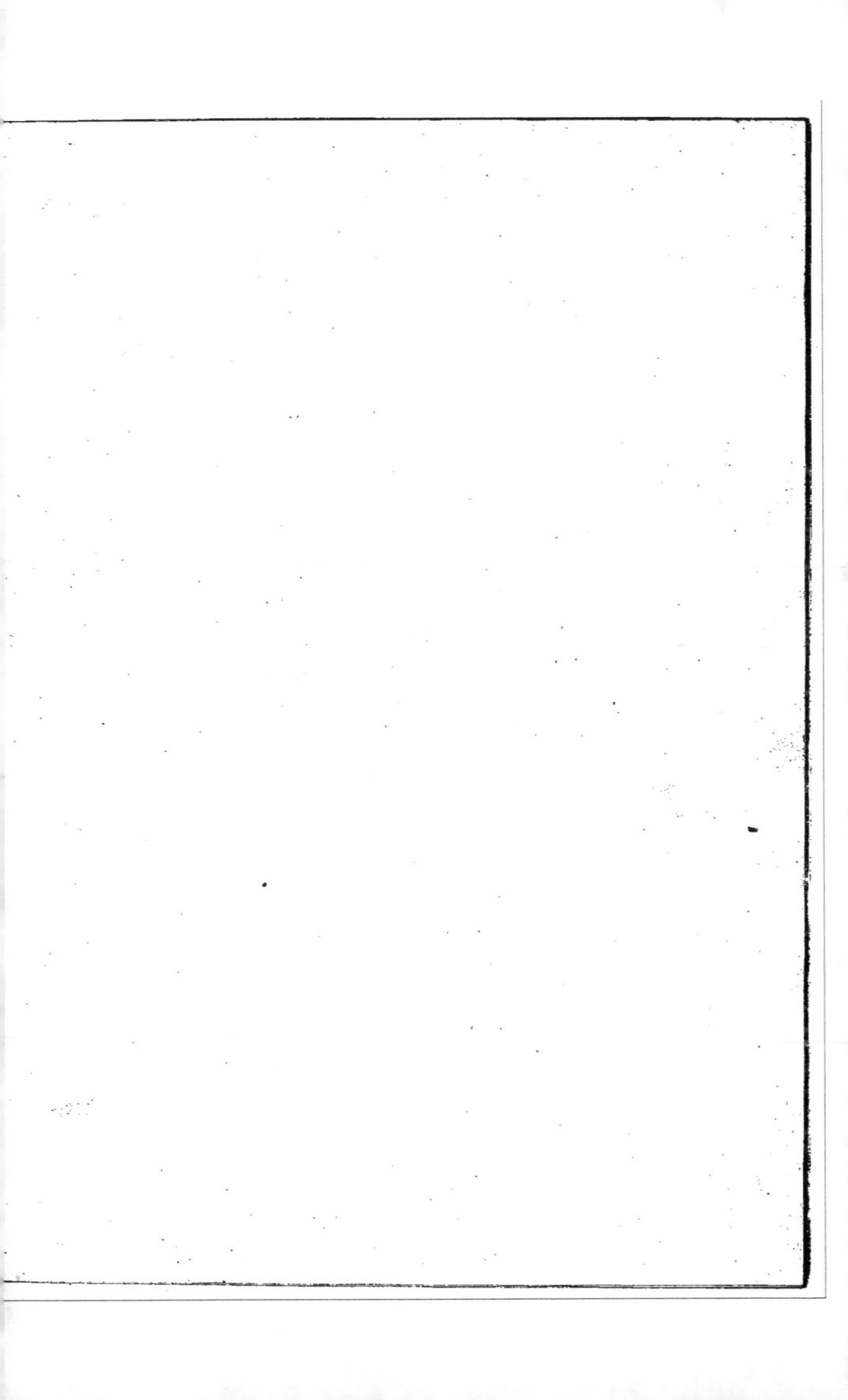

T'б 70.

23.

COURS

SUR

LA GÉNÉRATION,

L'OVOLOGIE ET L'EMBRYOLOGIE,

FAIT AU MUSÉUM D'HISTOIRE NATURELLE EN 1836,

PAR M. LE PROFESSEUR FLOURENS,

MEMBRE DE L'ACADÉMIE ROYALE DES SCIENCES, ETC.

RECUEILLI ET PUBLIÉ

PAR M. DESCHAMPS,

AIDE NATURALISTE AU MUSÉUM, LAURÉAT MONTHYON, INTERNE A LA MATERNITÉ, MEMBRE DE LA
SOCIÉTÉ DES SCIENCES NATURELLES DE FRANCE, ETC.

Prix : 10 fr.

flew 10-24.

Paris,

LIBRAIRIE MÉDICALE DE TRINQUART,

RUE DE L'ÉCOLE DE MÉDECINE, 9 ;

ET A LONDRES,

CHEZ SHERWOOD, GILBERT AND PIPER,

PATERNOSTER ROW, PRÈS SAINT-PAUL.

1856.

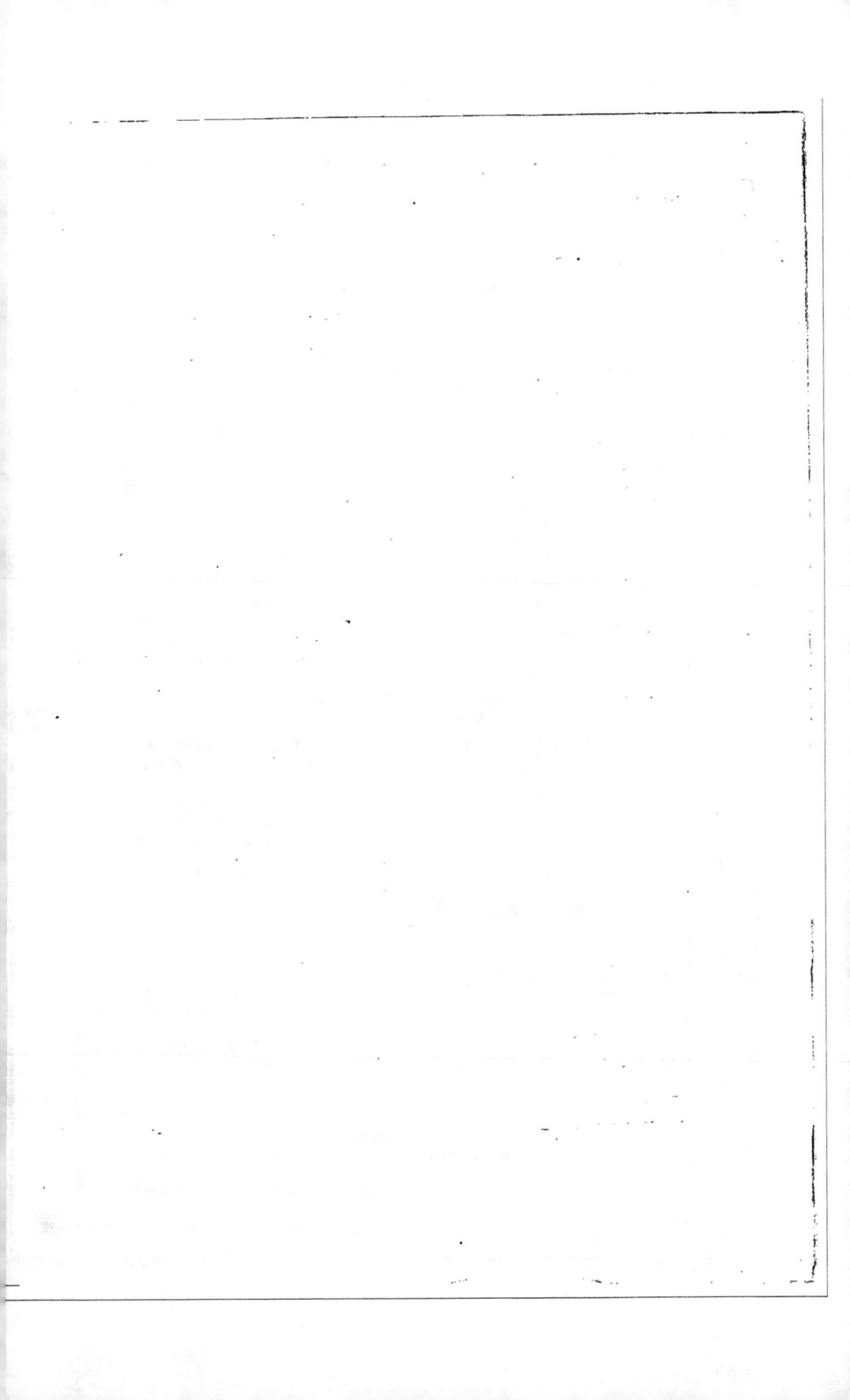

COURS

SUR

LA GÉNÉRATION,

L'OVOLOGIE ET L'EMBRYOLOGIE.

IMPRIMERIE D'HIPPOLYTE TILLIARD,
RUE SAINT-HYACINTHE-SAINT-MICHEL, n° 3o.

COURS

SUR

LA GÉNÉRATION,

L'OVOLOGIE ET L'EMBRYOLOGIE,

FAIT AU MUSÉUM D'HISTOIRE NATURELLE EN 1836,

PAR M. LE PROFESSEUR FLOURENS,

MEMBRE DE L'ACADÉMIE ROYALE DES SCIENCES, ETC.

RECUEILLI ET PUBLIÉ

PAR M. DESCHAMPS,

AIDE NATURALISTE AU MUSÉUM, LAURÉAT MONTHION, INTERNE A LA MATERNITÉ, MEMBRE DE LA
SOCIÉTÉ DES SCIENCES NATURELLES DE FRANCE, ETC.

PARIS,

LIBRAIRIE MÉDICALE DE TRINQUART.

RUE DE L'ÉCOLE DE MÉDECINE, 9.

1836.

Les exemplaires non revêtus de la signature de l'Auteur seront contrefaits et soumis aux lois.

PLAN DU COURS.

L'*Anthropologie* (1), objet principal de ce cours, est l'étude physique de l'Homme ; considérée sous un triple point de vue, elle renferme la science topographique du corps humain, où l'*Anatomie* (2) ; cet organisme animé, mis en jeu, envisagé sous le rapport de ses fonctions, ou la *Physiologie*(3) ; les caractères distinctifs qui servent à classer les différentes races humaines, ou l'*Histoire naturelle de l'Homme*.

Les progrès du temps et de la science ne permettent plus à notre époque de disjoindre la structure organique des phénomènes fonctionnels qu'elle fait naître, et l'Anthropologie se partage en deux branches principales, l'une complexe, *anatomico-physiologique* désormais inséparable, emprunte souvent de vives lumières à la zootomie (4) comparative ; l'autre branche constitue l'histoire naturelle des races humaines.

Lorsque les corps organisés soumis à la dissection furent considérés comme un assemblage de tissus élémentaires formant des organes, des appareils, on chercha bientôt à déterminer le rôle de tous ces rouages organiques, et il parut évident que cette agrégation de tissus, d'organes réunis en appareils fonctionnant, constituaient la vie. Cette multiplicité de fonctions dont la vie est formée fut soumise elle-même à l'analyse, et de même qu'il était possible de décomposer le

---

(1) Ἄνθρωπος, homme, λέγω, je recueille.
(2) Ἀνατομή de ἀνατέμνω, je dissèque.
(3) Φύσις, nature et λόγος, discours.'¶
(4) Ζῶον, animal, et τέμνω, je coupe.

1

corps il devint aussi possible de décomposer le phénomène général de la vie. Toute fonction, quel que soit son degré de complication, peut toujours , en effet se réduire en une fonction plus simple , et celle-ci se divise encore en actions élémentaires, moléculaires, qui résultent du rôle du tissu dans l'organe en mouvement.

La connexion qui enchaîne l'organe au phénomène, ce lien en d'autres termes, qui unit le corps à la vie est donc tellement étroit qu'il n'est plus permis de séparer l'étude de l'anatomie de la physiologie. La pathologie ne démontre-t-elle pas qu'un trouble organique entraîne de toute nécessité un trouble fonctionnel ? L'organe malade est un levier brisé dont la puissance diminue , s'altère , se trouve anéantie.

La disjonction de ces deux branches d'une même science , ne devrait plus exister depuis que Haller , cet homme de génie et de profond savoir , traça, au XVIII° siècle, la route anatomico-physiologique. Vicq-d'Azyr , l'un des plus célèbres professeurs d'anatomie humaine au Muséum , trouvait aussi que le problème à résoudre dans la science de l'organisation était de rapporter le rôle exact d'un phénomène à une partie quelconque de structure : il considérait de plus l'étude de l'anthropologie comme incomplète , souvent comme incompréhensible lorsqu'elle ne puisait pas de lumières dans l'anatomie comparée. Fidèle aux principes fondamentaux de sa chaire, fortement établis sur tant de puissantes raisons générales et scientifiques , M. Flourens adopte, avec les modifications que l'état actuel des connaissances permet , le programme de Vicq-d'Azyr et les idées de Haller.

Quelle force l'enseignement puise dans cette manière d'envisager la science! L'anatomie trace à peine la structure de l'œil que le mécanisme de la vision s'explique par les réfractions que le rayon lumineux éprouve lorsqu'il doit traverser ces membranes , ces humeurs de densités différentes pour imprimer sur la rétine l'image des objets. La circulation se déduit avec rigueur de la structure des vaisseaux artériels, veineux , et surtout de la disposition des cavités du cœur. Les phénomènes du mouvement se rapportent bientôt à la puissance musculaire et l'on trouve même avec facilité l'influence plus délicate du fluide nerveux sur la fibre élémentaire des muscles dans une simple expérience. Il suffit de pratiquer la section du nerf pour abolir la motilité et la sensibilité du tissu musculeux et révéler avec certitude cette action fugitive, fine, et comme électrique. Mais le nerf à son tour, pour agir en toute liberté, exige une nature de sang spéciale ; le fluide noir, veineux, le stupéfie, le rend inhabile à remplir ses usages ; le sang rouge artériel, lui donne au contraire plus de force et d'énergie.

Cependant, si l'on se bornait à l'étude physique de l'Homme, on n'aurait pas ces rapports croissans et décroissans qui lient l'organisasion aux phénomènes fonctionnels; il faut, de toute rigueur, descendre dans ces laboratoires où les matériaux vivans sont tout préparés à l'avance. Dans l'anatomie comparée, les variations organiques pour chaque classe animale peuvent être considérées comme une série d'expériences faites par la nature, qui ajoute, supprime, modifie comme il nous est facile de le faire pour les corps inorganiques, et de telle sorte qu'elle met elle-même sous nos yeux ses modifications, ses retranchemens ou ses additions. Cette véritable science analytique des corps vivans nous démontre d'une manière bien plus complète le lien puissant qui enchaîne le muscle au nerf et le nerf à la respiration.

Les oiseaux ont une locomotion très énergique pour triompher du milieu facilement dépressible qui sert de point d'appui à leurs mouvemens. La progression sur le fluide élastique aérien exige que la force des muscles soit sans cesse entretenue par une respiration active qui vivifie le sang avec rapidité pour animer le nerf dont l'influence sur le muscle détermine de puissantes contractions ; la nature, à cet effet, a pourvu l'oiseau d'une respiration double : l'artère aorte comme l'artère pulmonaire participe aux phénomènes de l'hématose. L'air atmosphérique, dans cette classe, suivant la découverte importante de Camper, se retrouve jusque dans le canal médullaire des os pour multiplier les points de contact avec l'oxygène.

Les mammifères ont des mouvemens moins puissans que ceux des oiseaux parce qu'ils trouvent avec facilité un point d'appui sur le sol ; ils se meuvent encore rapidement et leur respiration est complète ; tout le sang du corps traverse l'artère pulmonaire pour arriver en totalité aux poumons avant de retourner aux organes.

Dans les animaux à sang froid on à température variable, inconstante parce qu'ils prennent le degré de chaleur des corps ambians, la progression s'opère avec lenteur et la respiration devient incomplète. Le sang, chez les reptiles, ne subit pas en totalité l'influence de l'air, et retourne à moitié oxygéné du centre vers la périphérie du corps.

Ces exemples démontrent d'une manière péremptoire le rapport directe entre les fonctions et les organes, ils démontrent de plus un rapport relatif entre la constitution de l'organe et le phénomène plus ou moins puissant qu'il doit produire. Aucun viscère ne peut manifester d'une manière plus complète le degré de perfection et de spécialité en rapport avec la fonction, que l'encéphale.

La masse pulpeuse intra-crânienne est formée de diverses parties auxquelles on a imposé des dénominations anatomiques différentes. Chaque partie a des fonctions relatives que M. Flourens, le premier, a déterminé avec une rigoureuse exactitude par des expériences nombreuses et variées. D'après ces recherches, le cerveau, siége de l'intelligence, cesse d'agir s'il est altéré par des vivisections ou un état pathologique : le cervelet cesse de servir de régulateur aux mouvemens volontaires, quand on l'altère : enfin, la moelle allongée, dont le principal objet est la conservation de l'individu, se trouvant désorganisée, arrête les phénomènes de la respiration qui sont sous sa dépendance, et détermine bientôt la mort par asphyxie.

L'anatomie comparée indique ce rapport absolu pour chaque partie de l'encéphale, et de plus, elle fait connaître toutes les subordinations. Cette science prouve, en effet, que le développement plus considérable du cerveau détermine toujours une supériorité intellectuelle. L'homme, l'espèce dont le cerveau est le plus développé, domine la nature, et après lui viennent les mammifères, les oiseaux, les reptiles et les poissons. Le cervelet entretient l'harmonie parfaite des mouve-

mens volontaires; aussi devait-il prendre plus de volume pour coor-
donner les violens exercices musculaires de l'oiseau. La moelle allongée, à mesure que sa masse augmente, détermine une ténacité vitale
plus considérable : elle se trouve à son maximum de développement
chez les poissons. A mesure donc que l'intelligence s'affaiblit, la ténacité vitale augmente. La nature devait obvier, par ces substitutions nerveuses, aux causes multipliées de destruction qui environnent sans
cesse les êtres dépourvus d'intelligence.

L'anatomie comparée explique encore une foule de phénomènes
inaccessibles sans ses lumières. L'histoire de la dentition de l'homme
serait toujours plongée dans une profonde ignorance si Tenon ne l'avait
étudiée chez le cheval; si principalement Cuvier n'avait découvert tous
les phénomènes de la dentition de l'éléphant. Il fit voir que ces ostéides
étaient le résultat de sécrétions, et dans un travail qui sert encore
de modèle pour connaître la dentition des autres animaux, et surtout celle de l'homme, il détermina le rôle de toutes les parties,
soit productives, soit produites, soit enfin transitoires ou temporaires.

La complication des parties organiques, plutôt que leur petitesse,
leur ténuité, est souvent la cause qui obscurcit l'étude de la structure
humaine. Ainsi la disposition complexe des poumons de l'homme et des
mammifères en général, serait encore peu connue sans les recherches
de Malpighi chez les reptiles batraciens dont le poumon est formé
par une cellule simple sur laquelle s'épanouit un tissu réticulaire
sanguin pour obtenir l'action indispensable de l'air atmosphérique.

Enfin, il y a des parties sans but déterminé chez l'homme, qui
trouvent, suivant l'expression allemande, leur signification dans
l'anatomie comparée. L'os incisif, os transitoire et sans utilité dans
l'espèce humaine, est le vestige de l'os inter-maxillaire d'autant plus
développé chez les animaux que le museau, chez les mammifères,
que le bec, chez les oiseaux, ont plus de longueur. L'état temporaire
de division des os du crâne dans le fœtus humain se retrouve permanent dans les reptiles et les poissons.

On ne comprend donc toute l'importance de la disposition organique de l'homme que par la conformation des animaux. Daubenton a prouvé que le trou occipital placé au milieu de la base du crâne, était un signe certain de la station verticale et commandé même pour que la sustentation soit possible. Dans les singes, le trou occipital se porte déjà plus en arrière ; chez les quadrupèdes, il est situé à la partie postérieure du crâne, en raison de l'attitude horizontale. Aristote a, depuis longtemps, remarqué que l'espèce humaine seule possède des fesses et des mollets, saillies qui indiquent des forces musculaires indispensables à la station bipède. C'est encore sur l'anatomie comparative que repose le principe de déterminer la vigueur de l'intelligence par la mesure de l'angle facial : on sait que, plus cet angle devient aigu, plus aussi les organes des sens l'emportent sur l'intelligence. L'homme, considéré au moral, dit Buffon, serait incompréhensible sans les animaux ; il le serait encore bien plus au physique.

Cette belle science, l'anatomie comparée, qui verse ses lumières avec profusion sur l'étude de notre structure la plus intime, présente deux phases bien distinctes de développement, d'application et d'utilité. Lorsque les dissections humaines étaient encore esclaves des préjugés superstitieux et des coutumes barbares, on puisait dans l'étude animale, des notions de structure qui servaient de type, de modèle, par analogie, à l'organisation humaine. L'antiquité ne connut pas d'autre anatomie que celle des animaux, à part toutefois, les circonstances fortuites, où l'on pouvait furtivement observer les débris de la charpente osseuse d'un homme, gisant à la surface de la terre. Galien, cet homme prodigieux et le plus célèbre anatomiste des temps anciens dont les écrits nous soient parvenus, a constitué une anatomie moitié humaine, moitié animale. Il parait avoir surtout étudié avec beaucoup de soin les singes de la grande espèce (orang-outang), qui vivent dans les Indes Orientales, et les anatomistes, depuis les recherches habiles de Vésale, de Fallope et de Camper, reconnaissent souvent que ses descriptions humaines appartiennent aux quadrumanes.

A la renaissance des lettres ou plutôt de l'esprit humain, dégagée de toutes ses entraves, l'anatomie de l'homme, quoiqu'à son origine, acquit bientôt un degré de perfection et de splendeur extraordinaire. Les Vésale, les Fallope, les Eustache commencèrent cette période élevée, qui jeta les premiers et solides fondemens de la science de la structure humaine, et qui se termine à la grande découverte de la circulation par Harvey.

L'anatomie topographique, dans son progrès rapide, éclairait partout la physiologie, et bientôt des recherches plus délicates, plus fines devinrent indispensables à l'explication de phénomènes plus compliqués. On chercha à décomposer l'homme en ses plus simples élémens, et plus la difficulté devint croissante, plus le zèle augmenta et fit naître des procédés ingénieux. Cette anatomie générale de structure, encore inconnue de nos jours dans son essence intime, exige pour arriver à une entière perfection des méthodes nouvelles d'investigation. Chaque organe, chaque tissu, exige un mode de recherche spécial, et il n'est plus possible désormais de jeter de vives lumières sur l'organisation intime de l'homme, sans créer des moyens puissans pour soulever le voile qui enveloppe l'organisation primordiale.

L'étude fine et délicate des élémens fibrillaires du corps humain, toute hérissée de difficultés insurmontables, fit revenir aux dissections des animaux. Alors, commence cette seconde et belle période de l'anatomie comparée, dont l'objet principal est d'éclairer les circonstances rudimentaires de structure humaine par le développement normal et permanent de l'organisation animale. Dans le principe les travaux furent isolés, chaque animal était disséqué et donné sous forme de monographie. Lorsqu'on voulut réunir toutes ces idées, toutes ces descriptions particulières pour en former un ensemble, on tomba dans un véritable gouffre scientifique. Daubenton conçut, dès ce moment, le projet de soumettre les grandes classes animales à un même mode de dissection et sur un plan général commun à toutes : d'observer, de recueillir tous les faits particuliers puisés dans cet ensemble pour en tirer des notions générales susceptibles d'éclairer l'anatomie de l'homme par celle des carnassiers, des ruminans, des pachydermes, des rongeurs. Vicq-d'Azyr trouvait trop confuse l'opposition d'un ordre tout entier à l'espèce humaine; il songea à comparer les diverses parties des animaux avec les parties similaires ou analogues de l'espèce humaine. Hâtons nous d'arriver aux travaux immortels de G. Cuvier, pour trouver la véritable méthode comparative qui sert de base à tous les travaux contemporains. Cet habile anatomiste prenait un organe, tel que le cœur, et suivait ses phases de développement, ses modifications dans toute la série animale. Le cabinet du Muséum, construit sur ce plan, est une mine féconde, où tour à tour les anatomistes modernes puisent leurs plus beaux travaux : on peut dire que chaque tablette est un chapitre de son grand ouvrage d'anatomie comparée.

Telle est la nouvelle ère scientifique créée de nos jours pour éclairer l'anatomie humaine, et qui nous servira de point de départ dans ces leçons.

Dans les années précédentes, le professeur a fait l'histoire complète des fonctions de relation (systèmes osseux, musculaire, nerveux, etc.), des fonctions qui ont pour but la conservation individuelle (digestion, nutrition, respiration, circulation, etc.).

Cette année il se propose de renouveler le cours de 1835, et à la sollicitation de ses élèves, d'insister particulièrement sur l'ovologie. Cette étude offre en effet des difficultés qui sont telles, soit par la nature même du sujet, soit par l'impossibilité d'obtenir des œufs de toutes les grandes divisions animales pour comparer et juger soi-même, soit, enfin, par la dispersion de ce qui concerne l'ovologie dans les écrits des auteurs, que, dès les premiers pas dans cette branche scientifique, si féconde et si importante de la formation primitive de l'espèce, le découragement s'empare de l'esprit, et le nom des parties constituantes de l'œuf demeure à peine dans la mémoire. L'incertitude qui domine encore se dissipera devant la masse des faits exposés dans ces leçons sur l'histoire de l'œuf humain comparé à toute la série zoologique.

Le Cours renouvelé se composera donc des fonctions de conservation et de perpétuité des espèces ou de la reproduction.

La reproduction des êtres organisés se partage en trois branches principales et distinctes, qui sont : la génération , l'ovologie et l'embryologie.

La génération comprend l'étude anatomique des organes mâle et femelle, et leurs fonctions.

L'histoire de l'œuf ou de l'ovologie renferme la connaissance des enveloppes du germe et des liquides qu'elles contiennent.

L'embryologie, enfin, s'occupe du fœtus dégagé de ses membranes, et se divise en embryologie proprement dite, et en organogénie ou organogénésie.

Le plan de ce cours repose donc sur une histoire complète de la génésie (1) animale, ou de la reproduction des êtres.

La propagation des sciences est la plus noble des entreprises : c'est à ce titre que nous offrons au public le *Cours sur la reproduction des êtres animés*, *fait au Muséum*, persuadés que M. le professeur Flourens jetera un regard favorable sur cette publication, lorsqu'il en connaîtra le but.

Il est de notre devoir de prévenir, en outre, que M. Deschamps seul s'occupe de la rédaction du Cours, rédaction à laquelle M le professeur reste complétement étranger.

(*Note de l'Éditeur.*)

(1) Γένεσις, origine.

CONSIDÉRATIONS GÉNÉRALES

sur la

FONCTION DE LA REPRODUCTION

DES ÊTRES ORGANISÉS.

DE L'ESPÈCE. — DE LA GÉNÉRATION.

Lorsqu'on examine avec attention le grand spectacle de la nature vivante, en remontant vers la plus haute antiquité, on voit une propagation d'espèces, une multiplication d'individus qui se détruisent et se renouvellent sans cesse pour changer la scène du monde. Toutes ces alternatives de vie et de mort dans les espèces, et même toutes les modifications individuelles ne déterminent pas d'altérations assez puissantes pour emporter et détruire les types primordiaux ; de sorte que, parmi les plus grandes révolutions de la nature organisée, vivante, il existe constamment une fixité permanente dans son tout et une mobilité extrême dans ses parties. Ces grands mouvemens généraux des êtres animés semblent inhérens à leur nature, nécessaires aux mutations de la superficie du globe, et roulent sur un double pivot : l'un, la fécondité sans bornes accordée à toutes les espèces; l'autre, les limites qui renferment les individus dans des formes déterminées.

La succession non interrompue des êtres organisés par voie de génération, peut seule, en effet, entretenir les espèces au milieu de tous les agens destructeurs qui les environnent, et cette propagation infinie forme le contre-poids indispensable aux causes puissantes et

multipliées de ruine complète. La permanence de vitalité organique
déterminée par le renouvellement perpétuel des êtres, prouve que,
l'ordre des temps et les agens extérieurs les plus énergiques ne sauraient, sauf les cas de grandes catastrophes qui ont bouleversé la surface
du globe, anéantir les espèces animales. La mobilité d'existence n'est
relative qu'aux individus, qui ne sont comptés pour rien dans la nature, en raison de leur passage temporaire et de leur vie précaire. Mais
la durée, la permanence de l'espèce, prouvent qu'elle subsiste par elle-
même, qu'elle forme l'être colléctif, l'unité de nature impérissable en
totalité. Tout se meut, tout change, tout se renouvelle donc dans la
nature, les générations succèdent aux générations disséminées sur
toute la surface du globe, si pourtant, aucune révolution assez
profonde ne vient engloutir les espèces et bouleverser l'ordre immuable de l'univers.

On peut définir l'espèce, une succession continuelle d'individus, nés
les uns des autres et tous semblables entre eux par leurs caractères essentiels. Cette filiation perpétuelle, cette communauté d'origine, ne
s'obtient que par la génération. Si l'on s'en tient aux faits, l'esprit
dégagé de toute théorie, on trouve toujours que les êtres organisés
proviennent à leur origine d'un autre être organisé dont ils se détachent,
à une époque variable, suivant les races, pour constituer un être nouveau appelé, suivant le degré de son développement, germe, embryon,
fœtus, et qui plus tard deviendra semblable à sa famille et à son
espèce.

Une foule de causes accidentelles et variables telles que la lumière,
la chaleur, la nourriture, la domesticité, la civilisation apportent de
notables modifications dans la conformation générale des espèces et
des individus. Cette mutation légère au caractère du type primordial, quoique toujours superficielle, forme la variété de l'espèce. Les
chiens fournissent l'exemple de ces modifications superficielles.
M. Fréd. Cuvier a trouvé une dent molaire de plus dans une variété
spéciale de l'espèce canine. Parmi ces animaux domestiques, il y
en a qui possèdent un doigt surnuméraire aux membres pelviens:

cette différence se retrouve dans la race humaine chez certaines familles sexdigitaires.

Toutefois, les espèces animales dans les modifications légères qu'elles subissent, s'éloignent peu de la forme primitive donnée par la nature, car ces changemens se trouvent toujours renfermés dans certaines limites qu'elles ne dépassent jamais, et ces limites font les variétés des espèces. Toutes les modifications résultent évidemment d'influences extérieures et accidentelles, comme le prouvent les mutations considérables dans la conformation, l'habitude et le caractère des animaux domestiques. Rendez un animal à la liberté, la nature reprend aussitôt ses droits et l'état primitif ne tarde pas à reparaître avec tou ses attributs.

Les causes internes qui déterminent des changements dans l'espèce sont beaucoup plus puissantes que toutes ces influences accidentelles, transitoires, faciles à effacer, elles résident dans le germe et arrivent par voie de génération. Elles se trouvent dans les variétés si remarquables du croisement de deux espèces différentes, qui donnent naissance à un être intermédiaire entre elles deux. Ces mélanges ne s'effectuent qu'entre les espèces les plus voisines, et le produit, lorsque l'accouplement est fécond, ce qui n'arrive pas toujours, se nomme métis. Ce produit, s'il n'est pas stérile, ne peut donner naissance à un nouvel être que jusqu'à un certain nombre de générations. Parmi ces individus mixtes, le mulet provient de la fécondation de la jument par un âne; le jumar, dont l'existence est peu probable, résulterait du rapprochement du taureau et de la cavale. Le mélange des races humaines présente surtout des phénomènes dignes du plus haut intérêt et bien constatés. Lorsque la race blanche ou caucasique, et la race noire ou éthiopique se réunissent dans un accouplement, il survient un individu nouveau, dont les caractères sont mixtes, c'est le mulâtre. Si le produit s'accouple exclusivement avec la race blanche, il s'y confond par nuances insensibles et s'y perd tout-à-fait à la troisième génération : il en est de même, mais d'une manière inverse pour la couleur, si le produit se réunit exclusivement à la race nègre. Ces caractères, du métis chez les animaux, du mulâtre chez l'homme, sont donc encore des modifications fugitives, et le type primordial reparaît avec force aux premières circonstances favorables.

Il y a des bornes fixées pour les variétés des espèces par leur effet croisé d'accouplement ; la répugnance du rapprochement des sexes et la stérilité du produit dans l'acte de la fécondation, expliquent l'extinction rapide et la rareté de ces individus mixtes. La forme animale primitive peut donc subir des modifications dans quelques-unes de ses parties; mais cette forme revient toûjours au prototype naturel, forme animale permanente déterminée pour toutes les espèces.

La suite des temps, loin d'affaiblir ces considérations générales, les affermit au contraire, et leur imprime le cachet de la vérité. Les momies d'Egypte en raison de leur vétusté, et tous les débris des animaux conservés ainsi, offrent avec une rigoureuse exactitude le plan caractéristique d'organisation relatif à chaque espèce.

Des auteurs modernes admettent une altération indéfinie dans les formes animales, de sorte que l'on pourrait faire dériver toutes les espèces d'un type primitif, d'une espèce unique. Cette communauté d'origine pour tous les êtres organisés est en contradiction flagrante avec les faits nombreux qui nous environnent. Chaque espèce donne naissance à un produit qui lui ressemble, et les cas exceptionnels de croisement des espèces se perdent bientôt, soit par impuissance de l'être métis à se reproduire, soit par son accouplement avec une des espèces qui l'a fait naître et dans laquelle il se confond sans traces appréciables. Depuis les temps historiques, aucun observateur véridique n'est venu déposer en faveur d'une filiation intermédiaire entre deux espèces. La nature, dit-on, ne dévoile pas toujours ses secrets intimes, elle peut enfouir dans les entrailles de la terre certains produits et les dérober à la vue et aux investigations des hommes.

Mais les espèces englouties par suite des temps et des révolutions du globe, ressuscitèrent un jour sous les mains habiles de Cuvier, et tous ces débris épars, incrustés dans les profondeurs du sol, parurent devant le tribunal du génie pour être rassemblés, jugés et classés. Chaque animal fossile, ainsi reconstitué, avait son espèce déterminée, quoique anéantie et n'offrait jamais de traces d'une organisation intermédiaire. Ces révolutions du globe, marquées par les dépouilles d'espèces animales complétement éteintes, perdues, témoignent de la puissance de la nature qui peut anéantir une espèce toute entière et créer des espèces nouvelles, telles que les races humaines, sans jamais pourtant donner naissance à des espèces modifiées, intermédiaires, dégénérées. L'histoire, les révolutions terrestres et la raison se réunissent pour combattre l'opinion erronée qui veut faire provenir toutes les espèces d'un type primordial, modifié à l'infini par des altérations successives.

L'espèce restée toujours identique à elle même, semble donc contenue dans des limites fixes, bien déterminées depuis la connaissance des êtres qui peuplent la nature. Le secret de la perpétuité des espèces animales, sous les mêmes formes, réside dans le grand acte de la génération. Cette explication ne serait plus admissible s'il existait des générations spontanées, mais elle demeure absolue, vraie, par le fait même que la génération est le seul moyen de la perpétuité des espèces, et démontre toute l'importance du grand phénomène de la reproduction.

La reproduction est cette grande fonction générale destinée à perpétuer les espèces animales, elle renferme l'étude de la *génération* et l'histoire complexe de l'*ovologie* et de l'*embryologie*.

Considérée dans son essence intime, la génération préside à la formation et à la naissance des êtres organisés ; elle se partage en deux espèces, l'une, *génération gemmipare*, s'applique aux animaux inférieurs de la série, aux derniers zoophytes, et d'une manière générale à tous les végétaux. Le nouvel individu tire son existence d'une production que l'on nomme *bourgeon*, *bouture*; production naturelle ou provoquée par une division artificielle sur l'individu adulte. Un polype divisé en plusieurs parties par des sections, forme autant de nouveaux polypes qui vivent, croissent et se multiplient.

La seconde espèce ou *génération ovipare*, embrasse tous les êtres organisés. *Omne vivum ex ovo*, dit Harvey, parce que outre la génération gemmipare, véritablement supplémentaire, tout être produit encore des œufs appelés graines dans les végétaux, et œufs chez les animaux. La distinction entre les ovipares et les vivipares repose uniquement sur la structure de l'œuf. Dans les ovipares l'œuf est complet, il contient le germe et le vitellus ou jaune qui doit servir à sa nutrition. Dans les vivipares ou faux-ovipares, au contraire, la vésicule ombilicale qui représente le vitellus disparaît souvent avec rapidité dès les premiers jours de la gestation, et le germe doit par conséquent se greffer sur l'organe maternel pour y puiser la nourriture nécessaire à son développement.

L'ovologie devient donc une branche scientifique de la plus haute importance, puisqu'elle renferme le secret de la reproduction des êtres. Que de travaux! que de systèmes! que de théories! pour arriver à surprendre la nature sur le fait.

Cependant, le fait échappe encore...., et les explications, fruit du temps, de la patience et du génie, restent environnés de beaucoup d'obscurité pour l'histoire de la formation intime des êtres organisés. Toutes les recherches ovologiques se rapportent à deux principales théories. L'une admet la préexistence du germe, de sorte qu'elle consiste à observer l'évolution ou le développement des organes tout formés; c'est ce qu'on nomme la *théorie* de l'*évolution* ou de la *préexistence*. L'autre théorie, ou de l'*épigénèse*, admet la formation du germe de toutes pièces.

Quelle que soit la théorie adoptée, la fécondation joue le rôle essentiel, indispensable au développement du germe; et se trouve expliquée de deux façons différentes.

Dans l'évolution, la fécondation stimule simplement le germe pour qu'il puisse se développer. Dans l'épigénèse le mélange des liqueurs mâle et femelle, durant la fécondation, constitue l'agent principal de formation du germe.

Les deux points fondamentaux de la génésie animale sont donc la *production* du germe et la *fécondation*.

Les organes destinés à produire le grand phénomène de la fécondation présentent dans la série zoologique de nombreuses variétés de conformation générale et de structure intime.

On peut établir à travers le règne animal une classification majeure pour la conformation, la situation, l'état de simplicité ou de complication des appareils générateurs.

La première classe renferme les êtres à sexes séparés. Les organes femelles sont complétement distincts des organes mâles. Tous les animaux vertébrés, certains mollusques, les insectes, ne peuvent se reproduire que par l'accouplement de deux individus doués d'organisation différente, dont l'un renferme le produit fécondé par l'autre après leur jonction commune.

Dans la deuxième classe, les deux sexes se trouvent réunis sur le même individu ; cet hermaphrodisme se divise en deux genres.

Pendant la double jonction des hermaphrodites du premier genre il y a simultanéïté d'action, ils fécondent et se trouvent fécondés.

Cette alliance dans laquelle deux individus s'excitent mutuellement au grand acte de la génération se trouve dans le colimaçon, qui remplit tout à la fois l'office de mâle et de femelle.

L'hermaphrodite qui se féconde lui-même par la réunion de ses deux parties sexuelles, appartient au deuxième genre. C'est le cas des mollusques acéphales.

Un phénomène très important pour éclairer la théorie de l'évolution se trouve produit dans la classe des animaux à sexes séparés. La fécondation peut avoir lieu sans l'accouplement de deux individus : la femelle pond ses œufs et le mâle verse dessus sa liqueur séminale pour les féconder. Ce phénomène démontre clairement que la liqueur séminale n'est pas nécessaire à la formation intime et primitive de l'œuf, dont la préexistence paraît évidente et antérieure à toute action combinée des deux sexes, comme nous le démontrerons avec plus de détails. La connaissance du rôle de la fécondation par rapport à la

3

production du germe, contient toute la difficulté, vaste champ livré
aux hypothèses et aux théories !

PREMIÈRE PARTIE.

APPAREIL DE LA GÉNÉRATION.

Considérations générales.

La faculté de se reproduire est inhérente à tous les corps organisés
et forme le caractère principal de la nature vivante. Elle nécessite
l'existence d'un certain nombre d'organes dont l'assemblage constitue
des appareils plus ou moins compliqués. Ces appareils organiques, appareils sexuels, comme on les nomme, qui doivent concourir à l'exé-
cution active de la génération, se trouvent disséminés d'une manière très variable dans les espèces animales, et de telle sorte que
l'accouplement de deux individus doués de sexes différens n'est
point indispensable à l'accomplissement du phénomène de la reproduction. Il existe en effet des êtres organisés qui jouissent de la
faculté de se reproduire sans accouplement, ce sont la plupart des poissons osseux, etc. ; et il en existe d'autres qui peuvent donner naissance
à un nouvel individu par eux-mêmes, sans secours auxiliaires et par le
seul rapprochement de leurs organes sexuels, comme la classe des mollusques nous en offre de nombreux exemples. Il n'est plus question
de toute cette division inférieure de l'échelle animale sans organes
sexuels apparens et dans laquelle les êtres poussent à la surface du
corps des bourgeons ou gemmes pour se reproduire.

L'action de deux sexes séparés qui se réunissent étroitement
comme les deux parties d'un même tout est indispensable à la génération d'un nouvel individu mammifère, oiseau ou reptile parmi les

animaux vertébrés; articulé ou mollusque dans les animaux invertébrés. Les organes sexuels sont, en effet, dans ces classes zoologiques,
groupés, comme dans l'espèce humaine, en deux grands appareils;
l'un mâle, l'autre femelle, sur des êtres différens, séparés, ayant chacun une existence individuelle, propre, indépendante. Dans l'appareil
femelle, le germe apparaît, se développe, se trouve conservé et
expulsé à une époque variable dans les ovipares et les vivipares.

Le but principal et unique de l'appareil mâle est la sécrétion du
sperme. Les variétés infiniés qu'il éprouve dans le règne animal ne
sont pas toujours en rapport avec des variétés simultanées du côté de
la femelle, et jamais pourtant ces dispositions organiques mobiles
n'altèrent la fonction de sécrétion du sperme, tout en simplifiant ou
en multipliant les rouages de l'appareil.

Les organes génitaux mâles ne subsistent donc que pour fournir le
fluide destiné à effectuer la fécondation et à porter ce fluide par la
copulation dans les voies génitales de la femelle. Le rapprochement
des appareils n'est point indispensable pour que le phénomène de
la fécondation ait lieu, car il n'y a plus de copulation chez les batraciens, la plupart des poissons, les mollusques céphalopodes. La
femelle pond ses œufs et le mâle les arrose de liqueur spermatique
pour les féconder.

L'appareil de génération mâle contient donc des organes essentiels, indispensables à la fécondation, et des organes accessoires.
Les premiers concourent à la sécrétion de la liqueur prolifique ; ce
sont les organes de formation : les seconds constituent les organes
d'accouplement.

Les organes de formation ou les testicules, quoique modifiés dans
les plans de la nature pour leur disposition générale, ont une stabilité
d'existence qui démontre un rôle important, nécessaire, inaltérable.
La nature veille sans cesse à leur conservation, elle les enveloppe de
membranes protectrices contre les corps extérieurs, lorsqu'ils sont
extra-abdominaux, comme dans l'homme et beaucoup de mammifères.

La mobilité d'existence des organes d'accouplement démontre, au contraire, d'une manière évidente, complète, qu'ils ont un emploi subalterne et accessoire dans la fécondation. Toutes les fois qu'il doit y avoir intromission de la semence dans les voies génitales de la femelle, suivant l'expression consacrée en histoire naturelle, on trouve un organe proéminent capable de turgescence, d'allongement et de dureté, c'est la verge. Cet organe, indispensable pour l'accouplement, se rencontre dans tous les mammifères, les insectes, les mollusques gastéropodes.

Cette division importante des organes, basée sur la physiologie et l'anatomie comparée, prendra plus de force et de consistance à mesure que nous ferons l'analyse des appareils génitaux.

PREMIÈRE SECTION

APPAREIL GÉNITAL DE L'HOMME.

L'appareil génital de l'homme très compliqué pour sa conformation générale, sa structure intime et ses fonctions, renferme tout à la fois les organes de formation et d'accouplement.

ARTICLE PREMIER.

Des Organes de formation.

Les parties génitales de formation, nombreuses et différentes les unes des autres par leur position, leur texture et leurs usages, peuvent être rangées en deux classes : l'une contient les vaisseaux séminifères et sanguins, destinés à la sécrétion ou élaboration du sperme ; l'autre classe est accessoire, et constituée par les voies d'excrétion de la liqueur prolifique.

TABLEAU

DE L'APPAREIL GÉNITAL DE L'HOMME.

ORGANES DE FORMATION.

PARTIES ACCESSOIRES OU ANNEXE.

Les membranes d'enveloppe communes au testicule et au cordon des vaisseaux spermatiques, forment les *bourses* et s'appellent :

1° Scrotum.
2° Dartos.
3° Tunique fibreuse commune au cordon et au testicule.
4° Le crémaster.
5° Tunique celluleuse commune.
6° Tunique vaginale.

PARTIES ESSENTIELLES, SÉCRÉTEUR ET RÉCEPTEUR DU SPERME.

1° Le testicule ou les vaisseaux séminifères.
2° Le corps d'Hygmore.
3° La tunique albuginée.

Voies excrétoires.

1° L'épididyme.
2° Le conduit déférent.
3° Les vésicules séminales.
4° Les canaux éjaculateurs.

Cordon des vaisseaux spermatiques.

1° Artères } spermat.
2° Veines } spermat.
3° Nerfs.
4° Vaiss. lymphat.
5° Conduit déférent.

ORGANES D'ACCOUPLEMENT.

PARTIES ACCESSOIRES OU ANNEXE.

1° La prostate.
2° Les glandes de Cowper.
3° { Les tégumens de la verge.
{ Le prépuce.
4° Le ligament suspenseur de la verge.
5° Les muscles bulbo-caverneux et ischio-caverneux, les muscles de Wilson.

PARTIES ESSENTIELLES.

La *verge* se compose

1° d'un canal excréteur ; c'est l'*urètre*.
2° d'un tissu érectile { corps spongieux et gland.
complexe et divisé en . . . . { corps caverneux.

I. *Des Testicules.* (Διδυμοι , *testes.*)

Deux organes ovoïdes , vasculaires et glanduleux , latéralement un peu comprimés , suspendus chacun par un pédicule ou cordon au milieu des bourses , constituent, chez l'homme adulte , les *testicules* ou *glandes séminales* , qui ont pour usage l'élaboration du sperme.

Anatomie de texture. — Une membrane fibreuse dense , d'un blanc opaque , enveloppe et renferme le testicule comme dans une coque , et se nomme membrane albuginée ou périteste.

Cette tunique , dont l'existence est constante , est lisse à sa surface externe et très adhérente au feuillet viscéral de la tunique vaginale. Appliquée d'une manière immédiate sur le parenchyme de l'organe par sa surface interne , elle envoie de nombreux prolongemens fibreux, filiformes, qui divisent l'intérieur de cette capsule membraneuse en petites loges triangulaires, occupées par les canaux séminifères et les vaisseaux sanguins très déliés qui les accompagnent. Ces petits compartimens destinés à isoler en lobules la glande séminale , représentent assez bien , quoique en miniature , ces prolongemens fibreux de la dure-mère , qui protègent et séparent les diverses portions de la substance molle et délicate de l'encéphale.

Les cellules fibreuses de cette membrane albuginée communiquent toutes entre elles , bien qu'elles séparent les conduits séminifères en grains glanduleux : il faut rompre ces filamens fibreux aréolaires pour dévider les conduits sécréteurs du sperme. Ces prolongemens intérieurs et toute la surface interne de la membrane albuginée, adhèrent très lâchement à la substance pulpeuse de l'organe.

Cette tunique , dégagée de sa lame séreuse , se compose de deux feuillets fibreux dans l'intervalle desquels rampent des canaux veineux.

De la substance intime du testicule. — Le parenchyme glanduleux destiné à la sécrétion de la liqueur séminale , considéré en masse, présente une consistance molle, pulpeuse, de couleur jaunâtre nuancée de rouge. Cette substance, assez friable, est divisée en lobes et en lobules par les prolongemens fibreux internes, aréolaires, de la tunique albuginée. La substance du testicule dans son essence intime résulte de l'agrégation de vaisseaux artériels et veineux, de nerfs et surtout d'une quantité prodigieuse de canaux sécrétoires très fins, ayant 1/200ᵉ de pouce suivant Monro, entrelacés et repliés en tous sens, faiblement réunis les uns aux autres et appelés vaisseaux ou conduits séminifères.

A l'aide de préparations fines, on parvient comme on a pu l'observer au Cours, à injecter au mercure, toutes ces filières si flexueuses et si déliées : on parvient encore à les séparer toutes les unes des autres, à les dévider pour ainsi dire, comme on sépare les fils d'un peloton. Les vaisseaux séminifères isolés sont très flexueux et assez résistans malgré leur extrême ténuité.

Tous ces petits canaux sécréteurs s'anastomosent, se réunissent en vingt ou trente conduits plus volumineux, qui longent le bord supérieur de l'organe et se réunissent bientôt dans une ampoule commune, espèce de réservoir de la grosseur d'un grain de millet et que l'on nomme *corps d'Hygmore*. Tous les canaux convergent vers ce point déterminé dont l'existence sous forme de cavité n'est pas constante ; un assez grand nombre passe à l'entour du corps d'Hygmore ; enfin, ces filières se réunissent en un seul canal excréteur appelé épididyme.

II. De l'Épididyme. (Επι-διδυμος, *epididymus*.)

Le sperme sécrété dans les conduits séminifères, parcourt la longue filière de leurs flexuosités, arrive au corps d'Hygmore, pour être versé dans un conduit unique dont l'arrangement particulier constitue l'*épididyme*.

Ce petit canal, première origine des voies excrétoires de la liqueur prolifique, est un petit corps oblong, vermiforme, situé le long du bord supérieur du testicule, où il décrit une ligne courbe, dont une extrémité plus grosse, continue au corps d'Hygmore pour recevoir les vaisseaux séminifères, porte le nom de *tête* ; l'autre, celui de *queue* de l'épididyme ; à celle-ci succède le conduit déférent.

Anatomie de texture. — L'épididyme, conduit très grêle, mille et mille fois replié sur lui-même, d'une couleur jaunâtre, adhère faiblement dans ses contours multipliés à un tissu cellulaire lâche, qui renferme les flexuosités du canal dans ses lames. Il est enveloppé par un prolongement fibreux de la tunique albuginée. Sa longueur est considérable ; lorsqu'il est injecté et déplissé ; dè Graaf lui trouve dix-huit pieds et plus, Monro l'évalue à trente-deux pieds. Les parois du canal sont très denses en proportion de sa ténuité, et sa cavité augmente de capacité à mesure qu'il avance pour former le conduit déférent.

III. *Du Cordon des vaisseaux spermatiques.*

Le cordon des vaisseaux spermatiques est formé par un faisceau vasculaire et membraneux, de la grosseur de l'index et dont les élémens principaux sont : le canal déférent, les artères et veines spermatiques, des filets nerveux émanés du plexus spermatique, et la branche *génito-crurale* du plexus lombo-abdominal. Une toile celluleuse rassemble toutes ces parties, protégées par le prolongement des parois abdominales qui forme les bourses.

α. *Du Canal déférent.*

Sorti de la queue de l'épididyme, le canal déférent, flexueux à son origine, se redresse pour se joindre bientôt aux vaisseaux qui concourent à former le cordon spermatique, franchit le canal inguinal, se sépare des élémens vasculeux du cordon ; descend sur les faces latérales de la vessie, passe derrière l'artère ombilicale, croise sa direction et se place au devant de l'uretère pour se rapprocher de celui du côté opposé vers le bas-fond du réservoir urinaire. Sa cavité est très étroite, elle augmente d'une manière progressive dans le sens de l'excrétion.

Arrivé sous la région postérieure et inférieure de la vessie, le conduit déférent éprouve de nombreuses dilatations collatérales, dans lesquelles le sperme vient séjourner comme dans un réservoir. Ces dilatations appelées *vésicules séminales*, ont des dimensions que l'on peut évaluer d'une manière approximative, à deux pouces, deux pouces et demi en longueur, sur sept à neuf lignes de large. Leur forme est oblongue et irrégulièrement bosselée; leur couleur, d'un blanc tirant sur le gris. La cavité de ces appendices du canal déférent, est multiloculaire et toutes les cellules sont séparées par des prolongemens valvulaires incomplets de la membrane interne. On peut déplisser les deux vésicules séminales sous forme de deux conduits collatéraux, espèces de cœcums ou canaux aveugles et perpendiculaires au canal déférent. Les contours flexueux avec bosselures multiples des appendices, sont destinés à tenir en réserve le sperme, hors le temps de la copulation. Cette disposition particulière du réservoir du sperme est telle, que les pressions auxquelles il est sans cesse soumis, par les contractions du rectum et de la vessie, ne peuvent faire sortir la semence renfermée dans ces cavités aréolaires, spiroïdes.

Lorsque le conduit déférent a formé les vésicules séminales il prend le nom de *conduit éjaculateur*, traverse la prostate, s'adosse à celui du côté opposé, se rétrécit beaucoup pour se terminer par une ouverture fine et oblique sur les parties latérales et antérieure du verumontanum.

Toutes ces parties excrétoires sont doubles : il existe, par conséquent, deux canaux déférens, deux vésicules séminales, deux canaux éjaculateurs, comme il y a deux glandes séminales ou sécrétrices.

Anatomie de texture. — Les parois du canal déférent sont formées de deux membranes : l'une, externe, d'un tissu fibreux, jaunâtre et blanchâtre, très dense, très épaisse; l'autre interne, de nature muqueuse : c'est cette tunique qui forme les cloisons internes des vésicules séminales. Un plexus veineux et beaucoup de lympha-

4

tiques environnent les appendices et reçoivent leurs vaisseaux sanguins. Les artères des parois sont d'une ténuité extrême.

Les deux artères spermatiques, très grêles et très flexueuses ont une
origine fort variable : tantôt elles naissent au-dessous des artères rénales, sur les côtés ou à la face antérieure de l'aorte ; tantôt elles pro
viennent des artères émulgentes. Cette dernière disposition est assez
fréquente pour l'artère spermatique gauche.

Après leur naissance, ces canaux artériels décrivent une légère
courbe et se réunissent aux veines spermatiques ; ils descendent
sur les côtés de la colonne vertébrale, au devant des muscles psoas
derrière le péritoine, franchissent l'anneau inguinal avec les autres
élémens du cordon spermatique, deviennent de plus en plus
flexueux et se terminent en deux branches : l'une répand ses ramifications à l'épididyme ; l'autre, se divise en rameaux très déliés et
nombreux qui se jetent sur les aréoles fibreuses de sa tunique albuginée pour se mêler aux vaisseaux séminifères. Dans ce long trajet, les
artères spermatiques s'anastomosent un grand nombre de fois avec les
artérioles des parties qu'elles traversent.

γ. *Des Veines spermatiques.*

Les veinules du parenchyme testiculaire se réunissent à des canaux
veineux de la tunique albuginée pour former près de la tête de l'épididyme une ou plusieurs veines assez grosses. Les canaux ou sinus
veineux situés entre les deux feuillets de la tunique albuginée, se continuent aussi sur l'épididyme pour constituer plusieurs veines qui
embrassent l'origine du conduit déférent. Enfin les membranes voisines envoyent des veinules longues et flexueuses très déliées vers ces
vaisseaux plus volumineux. Les troncs veineux principaux qui proviennent de cette triple origine ne tardent pas à s'anastomoser un grand

nombre de fois et à former un *plexus veineux* extrà-abdominal ; ce
plexus spermatique embrasse tous les élémens du cordon , et remonte
vers l'anneau inguinal. Il devient très apparent dans le varicocèle.

Les veines du plexus se réunissent pour franchir le canal inguinal
et suivre la direction de l'artère spermatique. Arrivées au dessous des
reins , elles se divisent de nouveau en un grand nombre de branches
anastomotiques. De ce plexus veineux intrà-abdominal (corps *pampi-
niforme* des auteurs) s'élèvent des branches veineuses simples ; celle
du côté droit va se jeter dans la veine cave inférieure, celle qui provient du plexus gauche trouve son embouchure dans la veine émul-
gente correspondante.

IV. *Parties accessoires ou annexes des Testicules.*

La paroi abdominale antérieure se prolonge au-devant de la symphyse pubienne pour former un sac membraneux , appelé les *bourses,*
destiné à recevoir et à protéger les testicules , ainsi que le cordon des
vaisseaux spermatiques , contre les atteintes des agens extérieurs.

Les divers élémens constitutifs des parois abdominales forment
pour la composition de cette poche, des couches superposées au nombre
de six : la *peau* se prolonge en *scrotum ;* le *fascia superficialis* en
dartos ; l'aponévrose du muscle grand oblique en *tunique* fibreuse,
commune au cordon et au testicule ; les muscles petit oblique et transverse en expansions musculeuses , appelées *muscle crémaster ;* le *fascia
transversalis* ou tissu cellulaire sous-péritonéal en *tunique* celluleuse,
commune au cordon et aux testicules ; enfin , le péritoine forme un
dernier prolongement appelé *tunique vaginale.*

α. *Du Scrotum.*

L'enveloppe cutanée des testicules ou le *scrotum* se continue avec
la peau du périnée , de la verge , des faces internes des cuisses,
toutes parties voisines des bourses. Sa couleur toujours plus foncée

la distingue facilement de la peau des autres régions. Son chorion très mince permet de voir les vaisseaux qui rampent dans le dartos. Sur la ligne médiane, elle présente un raphé plissé et sa surface est également couverte de plicatures. Des poils peu nombreux couvrent le scrotum.

β. *Du Dartos.*

Le *fascia superficialis* se transforme en tissu soyeux, cellulo-fibreux, d'une nature particulière, considérée par certains anatomistes, et à tort, comme musculaire. Ce prolongement du tissu cellulaire se partage en deux poches bien distinctes, adossées sur la ligne médiane par une *cloison*. Chaque cavité du dartos renferme un testicule. Pour démontrer la séparation des dartos, il faut en ouvrir un verticalement, insuffler l'autre, et l'ampoule formée par sa cavité, remplie d'air, prouve que cette cavité est limitée, et de plus que s'il n'y avait pas de cloison, il ne pourrait exister d'ampoule. Cette vésicule examinée avec soin, paraît contenir l'air dans une cavité lisse, unie, oblongue, assez bien circonscrite, et dont les parois sont formées par deux couches celluleuses distinctes ; l'une, externe, d'un tissu soyeux et fibro-cellulaire entrelacé de mille manières, quoique la masse des fibres soit verticale ; l'autre, interne, constituée par une lame fine et lisse de tissu cellulaire (1).

γ. *Tunique fibreuse commune au cordon et au testicule.*

Cette enveloppe, cellulo-fibreuse, provient d'une expansion des fibres aponévrotiques du muscle grand oblique, aux environs de l'anneau inguinal, et se compose d'un feuillet double assez résistant qui se continue d'une part avec l'épididyme, et d'autre part qui se prolonge sur le testicule.

---

(1) On ne trouve jamais de tissu adipeux dans le dartos, et il dégénère parfois, chez les vieillards, en fibres jaunâtres qui se rapprochent beaucoup, pour l'aspect et les propriétés, de la membrane moyenne des artères, quoique ces fibres soient moins cassantes lorsqu'elles sont soumises à de fortes tractions.

ε. Muscle crémaster ou Tunique érythroïde, rouge et musculaire.

La tunique fibreuse commune n'engaîne pas complétement le cordon et le testicule. Au niveau de l'orifice externe du canal inguinal, elle permet au crémaster de passer et de venir répandre ses fibres musculeuses au-dessus d'elle : il paraît, de prime abord et par une dissection superficielle, difficile à comprendre, comment la tunique fibreuse commune, prolongement du muscle grand oblique, peut être recouverte à sa face externe par les fibres musculeuses du crémaster qui proviennent de muscles sous-jacens, le petit oblique et le transverse. La difficulté cesse bientôt devant une fine préparation, qui met dans tout son jour cette disposition membraneuse.

Le crémaster, petit muscle assez bien marqué à l'anneau inguinal, s'épanouit en minces faisceaux séparés sur le cordon et le testicule, où il s'étend par des arcades à convexité inférieure.

ε. Tunique celluleuse commune au cordon et au testicule.

Cette tunique provient du tissu cellulaire sous-péritonéal. C'est une lame celluleuse très mince qui enveloppe l'organe et son pédicule.

η. De la Tunique vaginale ou séreuse.

La tunique vaginale forme comme toutes les membranes séreuses un sac sans ouverture ; son feuillet extérieur est tourné vers les diverses couches engaînantes que je viens d'énumérer, son feuillet viscéral est intimement adhérent au testicule. Sa cavité est lubrifiée par une exhalation séreuse qui facilite le glissement du testicule, elle acquiert un volume triple de cet organe, lorsqu'elle est insufflée ou remplie par un liquide. Cette poche séreuse, mince, diaphane, tient par un pédicule fibreux au péritoine qui ferme l'orifice interne du canal

inguinal , pédicule souvent confondu avec les lamelles celluleuses qui
enlacent les vaisseaux du cordon , et qui est le dernier vestige d'un
canal séreux oblitéré , comme nous le verrons dans l'embryologie.

La topographie des organes de *formation* étant étudiée et bien
connue , le professeur établit un parallèle avec un autre appareil sécréteur , et démontre ainsi que la division physiologique des parties
génitales de l'homme, qui vient d'être exposée, n'est pas chimérique et
se retrouve complétement dans les vues générales de la nature. Soit
donné le foie, organe sécréteur de la bile , pour terme de comparaison. Le parenchyme hépatique correspond au parenchyme testiculaire, le conduit déférent au conduit hépathique, la vésicule biliaire
aux vésicules séminales , le conduit cholédoque aux canaux éjaculateurs , et de même que le canal cholédoque verse la bile dans l'intestin à la surface d'une muqueuse , de même le conduit éjaculateur
amène la liqueur séminale sur la tunique muqueuse de l'urètre.

ARTICLE II.

Des Organes d'accouplement.

Dans l'acte de la reproduction , les organes d'accouplement se divisent en plusieurs parties qui ont, chacune séparément , une destination importante , en rapport avec le rôle essentiel ou accessoire
qu'elles doivent remplir. Il y en a qui servent à l'émission de la
semence , c'est le canal de l'urètre : canal excrétoire qui s'adjoint
la prostate et les glandes de Cowper pour lubrifier sa face interne.
Les autres parties sont formées d'un tissu érectile, capable de turgescence, de gonflement , d'érection, et c'est par elles que le rapprochement des sexes a lieu.

L'ensemble de ces parties constitue la verge, dont l'usage est de
porter dans les voies génitales de la femme la liqueur, élaborée dans
les testicules et accumulée d'une manière temporaire dans les vésicules séminales.

Organe de copulation, la *verge* (*pénis*, *membre viril*) , dans l'état de flaccidité est molle, cylindroïde ; variable pour sa longueur et son volume, elle est située au-devant du scrotum, au-dessous du *pénil*, éminence placée devant la symphyse pubienne et couverte de poils. Les changemens de forme, de situation que le pénis éprouve lorsque l'érection a lieu, en raison de leur importance, appeleront plus tard notre attention. Avant cet examen physiologique, il est indispensable de donner la description des élémens constitutifs de cet organe.

De l'Urètre.

Le canal de l'urètre, commence au col de la vessie, traverse la prostate, reçoit les insertions des muscles de Wilson, passe au-dessus des glandes de Cowper et au dessous de l'arcade pubienne, s'élève un peu entre les deux racines du corps caverneux pour s'y joindre bientôt, en se plaçant dans une rainure inférieure et superficielle, traverse le gland, au sommet et à l'extérieur duquel il s'ouvre par une fissure verticale pour transmettre au dehors le sperme et les urines. Dans ce trajet, il a une courbure à concavité supérieure et permanente située sous l'arcade des pubis, et une autre courbure à concavité inférieure et mobile qui s'efface dans l'érection. Il résulte de cette double inflexion, que le canal ressemble à une *S* italique.

Plan externe. — La connexion de ce conduit excréteur avec les tissus organiques circonvoisins, l'a fait séparer en trois parties auxquelles on a imposé des dénominations différentes.

1° La *portion prostatique*, longue de douze à quinze lignes, est, comme son nom l'indique, en rapport avec le tissu glanduleux de la prostate.

2° La *portion membraneuse*, d'une longueur de onze à douze lignes, est formée surtout par les expansions musculaires des petits muscles de Wilson. Une cloison fibreuse, étendue entre les deux branches des pubis, lui sert de limites en avant, et la sépare de la portion spongieuse.

3. La *portion spongieuse* est la plus considérable des trois divisions du canal, elle s'étend depuis la partie inférieure de la symphyse pubienne jusqu'à l'extrémité libre de la verge. Elle est placée dans une gouttière pratiquée pour la recevoir au-dessous du corps caverneux. Cette partie du canal commence par un renflement spongieux, érectile, qui constitue la *portion bulbeuse* de plusieurs anatomistes.

Plan interne.— Divisé dans toute son étendue antéro-postérieure, le canal n'offre pas un diamètre uniforme. Derrière la scissure du gland, le méat urinaire éprouve une dilatation que l'on nomme *fosse naviculaire*, il diminue ensuite et présente une largeur à peu près constante jusqu'à la portion bulbeuse ; puis il se rétrécit beaucoup dans la partie membraneuse, et reprend des dimensions plus grandes en traversant la glande prostate.

A partir du col du réservoir urinaire, la luette vésicale se prolonge sous forme d'une ligne saillante médiane qui règne dans toute l'étendue de la paroi inférieure du canal ; elle se continue d'abord en avant avec le *verumontanum* ou *crête urétrale*, éminence un peu tranchante vers son sommet dans la cavité de l'urètre, et comparée pour sa figure à une crête de coq (*caput gallinaginis*). Sans offrir cette forme, le verumontanum, du volume d'un petit pois aplati sur ses côtés, est percé à son extrémité antérieure et un peu latérale par les ouvertures obliques et à peine visibles des deux canaux éjaculateurs, l'un plus haut, l'autre plus bas, rarement tous deux sur le même plan, et jamais peut-être réunis en un seul conduit, comme les canaux biliaires, cystique et hépatique lorsqu'ils forment le canal cholédoque. Les autres pertuis, en nombre indéterminé, sont les orifices des canalicules excréteurs prostatiques que l'on remarque à la surface de la crête urétrale et à son pourtour. Sur les côtés du verumontanum, il y a deux dépressions en forme de cul-de-sac qui arrêtent le bec de la sonde si on ne la relève pas avant de franchir le col de la vessie. Au-devant de cette éminence et sur la membrane muqueuse qui tapisse la portion bulbeuse, les conduits excréteurs des glandes de Cowper viennent s'ouvrir par deux petits orifices séparés.

Anatomie de texture. — La membrane muqueuse qui tapisse le plan interne du canal de l'urètre présente des conditions spéciales de structure. De couleur rougeâtre , elle diffère des autres membranes du même nom par la grande quantité de pertuis dont elle est criblée. Ces ouvertures , souvent valvulaires , appelées *lacunes de Morgagni* ou *sinus muqueux* sont les extrémités terminales de canalicules excréteurs , provenant de petits grains glanduleux qui secrètent une humeur muqueuse. Les valvules qui bouchent ces ouvertures sont des expansions fines de l'épithélium ou épiderme de la membrane muqueuse. Une seule lacune répond souvent à deux ou plusieurs orifices qui ont une direction opposée , comme le cathétérisme d'un sinus à l'aide de fils métalliques, le démontre d'une manière complète. L'usage de ces lacunes est de lubrifier la cavité de l'urètre , afin de mettre ce canal à l'abri de l'impression irritante du sperme et des urines.

Cette tunique interne du canal , prolongation de la membrane muqueuse de la vessie , offre elle-même plusieurs embranchemens secondaires pour former la membrane muqueuse qui recouvre le gland et la face interne du prépuce , celle qui se prolonge dans les conduits éjaculateurs et les autres petits canalicules excréteurs. Elle a dans la cavité de l'urètre des rides longitudinales, dont deux médianes très marquées : elle se plisse encore dans le sens transversal.

. La membrane muqueuse de l'urètre est recouverte en dehors par une *tunique fibreuse* d'une très grande tenuité , en comparaison de celle des corps caverneux. L'origine de cette enveloppe externe se confond avec le tissu blanchâtre qui environne le col de la vessie.

Annexes de l'Urètre.

α. De la Prostate.

Corps glanduleux , conoïde , la prostate entoure la première portion du canal de l'urètre et se trouve placée entre le rectum et la symphyse des pubis. La base du cône forme un bourrelet saillant et circulaire en rapport avec le col de la vessie, et se partage en trois lobes, dont deux latéraux, assez volumineux, prolongés sur toute l'épaisseur de la glande, et un lobule médian, très visible, surtout chez les vieillards. Ce lobule n'existe qu'à la partie inférieure du canal de l'urètre, entre les deux conduits éjaculateurs et comprime de dehors en dedans le conduit urinaire. Les deux lobes latéraux sont réunis supérieurement par une lame unie de granulations glanduleuses; elle manque quelquefois et cette interruption détermine la formation d'une simple gouttière qui n'embrasse l'urètre que dans ses trois quarts inférieurs au lieu de l'environner de toutes parts : le quart supérieur de l'anneau se trouve complété par des fibres ligamenteuses et musculaires.

Dans son épaisseur, la prostate est donc traversée par le canal de l'urètre qui se rapproche davantage de sa face supérieure ou pubienne que de sa face en rapport avec le rectum. Les conduits éjaculateurs percent obliquement cette glande, d'arrière en avant pour venir se terminer à une saillie médiane inférieure ou verumontanum.

Anatomie de texture. — La prostate est composée d'une substance assez ferme, granuleuse, de laquelle partent dix ou douze canaux excréteurs qui s'ouvrent sur la crête urétrale et à ses environs pour verser dans le canal de l'urètre la liqueur sécrétée par les granulations prostatiques, soit pour lubrifier la membrane muqueuse, soit encore pour servir de véhicule à la liqueur séminale pendant l'orgasme vénérien.

Une membrane dense, de nature fibreuse, enveloppe la glande qu'elle divise à l'intérieur par des prolongemens fibro-cellulaires. Sa surface externe donne attache à des fibres de la vessie, et reçoit des expansions fibreuses des ligamens antérieurs de la vessie, que Winslow, en raison de leur apparence musculaire, appelle *muscles prostatiques supérieurs.*

ρ. Glandes de Cowper.

A un pouce environ au-devant de la prostate, on trouve très souvent, derrière et de chaque côté du bulbe de l'urètre, deux petits corps obronds, pisiformes, lobulés, de substance assez ferme et semblable pour la couleur et l'aspect aux tissus des glandes salivaires. Recouvertes par les muscles bulbo-caverneux, ces glandes que Mery, le premier, a fait connaître en 1684, ont été décrites avec soin par Cowper, dont elles portent le nom.

Chaque petite glande fournit un canal excréteur, ramifié à son origine, long d'un demi-pouce, et qui traverse obliquement la portion bulbeuse de l'urètre, pour s'ouvrir dans ce canal à dix ou douze lignes au devant du verumontanum.

On appelle aussi ces glandes quelquefois prostatiques inférieures ou petites prostates. Elles ont pour usage principal de sécréter un fluide muqueux qu'elles versent sur la muqueuse urétrale.

Tissu érectile de la Verge.

Les corps caverneux spongieux et le gland, ou en d'autres termes, les corps caverneux supérieur, inférieur et terminal, sont constitués par un tissu érectile, et immédiatement enveloppés par une membrane dense de nature fibreuse.

Le corps spongieux commence par un renflement assez volumineux, appelé *bulbe*. Il règne et entoure toute l'étendue du canal de l'urètre que l'on nomme *portion spongieuse*, pour se terminer par un épanouissement considérable, appelé *gland*.

Le *gland* (balanus), tissu érectile terminal du corps spongieux épanoui à l'extrémité de la verge, ressemble assez bien au fruit de ce nom. Il a une forme de cône tronqué dont la base est coupée obliquement pour s'appuyer à la manière d'un chapiteau sur l'extrémité libre du corps caverneux avec lequel il n'a de rapport que de contiguïté membraneuse, sans aucune communication vasculaire. La *couronne*, ou circonférence inférieure du gland est arrondie en bourrelet saillant et hérissée de papilles rangées circulairement et très apparentes. Les nombreux filets nerveux répandus sur sa tunique muqueuse recouverte d'un épiderme léger, forment de cette expansion nervoso-érectile, un excitateur puissant dans l'acte du rapprochement des organes sexuels.

Le *corps caverneux* est fixé à la face interne des branches ischio-pubiennes par deux racines qui se joignent au devant de la symphyse du pubis et s'allongent sous forme d'un corps aplati avec une rainure médiane supérieure pour loger les artères et veines dorsales de la verge, et une gouttière inférieure destinée au canal de l'urètre entouré du corps spongieux.

A l'intérieur, l'union des deux racines se prolonge sur la ligne médiane et se transforme insensiblement en de larges colonnes verticales fibreuses qui permettent une libre communication entre toutes les dilatations vasculaires érectiles. Plusieurs anatomistes pensent que cette cloison médiane, résultant de l'adossement des deux racines se continue jusqu'à l'extrémité du corps érectile supérieur, et admettent deux corps caverneux. Cette opinion n'est pas exacte; il n'y a manifestement qu'un seul corps caverneux, bifide à une extrémité pour sa double insertion aux os du bassin.

Une membrane très dense, très résistante, de nature fibreuse, contient le tissu érectile et se continue avec le périoste.

Les injections établissent d'une manière complète la disposition générale du tissu érectile de la verge. Lorsque l'on fait passer des substances diversement colorées dans les mailles vasculaires érectiles, on trouve :

1° Que le corps spongieux se termine par le gland.

2° Qu'il n'y a pas de communication vasculaire entre le tissu érectile du corps spongieux et celui du corps caverneux, puisqu'on peut les disséquer, les enlever séparément, renfermés chacun dans une membrane fibreuse différente.

3° Que le corps caverneux est unique dans ses deux tiers antérieurs, et séparé par une cloison médiane dans son tiers postérieur par l'adossement des deux racines ischio-pubiennes.

Enfin, à l'aide d'une fine dissection, on peut, sur une verge dont le tissu érectile et le canal de l'urètre sont gorgés de matière à injection, la séparer en trois parties distinctes, savoir : le corps spongieux, l'urètre et le corps caverneux. Dans l'anatomie comparée, la nature nous offrira cette disjonction chez certains animaux, et alors seulement nous déduirons des conclusions.

Considérations générales sur le tissu érectile. — Phénomène de l'érection. — Anatomie et jeu des puissances musculaires des organes génitaux.

Le tissu érectile est constitué par les dernières terminaisons des artères et les premières radicules veineuses, dilatées en cellules aréolaires spongieuses et enlacées par des filets nerveux innombrables et d'une ténuité extrême.

Ce tissu entre pour beaucoup dans la composition des appareils de la génération, et forme la base essentielle de structure des corps caverneux de la verge, du corps spongieux de l'urètre ; on le trouve aussi chez la femme, au pavillon de la trompe de Fallope, au mamelon des organes de lactation, dans l'épaisseur des nymphes et à l'entrée du vagin où il forme un plexus appelé rétiforme ; le clitoris n'est formé que de tissu érectile. Enfin, hors des organes de copulation, cette organisation vasculaire spéciale constitue la rate, les papilles des membranes tégumentaires, etc.

Tant que l'on a admis des cellules intermédiaires entre les artères et les veines pour former le tissu spongieux, caverneux, érectile, on ne s'est fait qu'une idée très superficielle du mécanisme de l'érection. Ce tissu aréolaire, supposé en dehors du grand cercle circulatoire, devait recevoir le sang d'une manière passive et le rendre de même au torrent de la circulation. Quelle structure invraisemblable avec le phénomène brusque, instantané de l'érection !

Le tissu érectile, évidemment très actif, soit pour l'afflux ou la congestion, soit pour le retrait ou la déplétion du sang, trouve dans l'anatomie comparative, sous l'habile dissection de G. Cuvier, sa structure, dévoilée et reconnue de nos jours presque sans controverse.
Si, à l'exemple de ce célèbre anatomiste, on suit avec exactitude le
trajet de la veine dorsale du pénis de l'éléphant, on la voit arriver
jusque dans le tissu érectile qu'elle concourt à former en se divisant à
l'infini en ramuscules renflées et comme aréolaires. Si, d'un autre
côté, on dissèque une artère, elle se réduit, sous les yeux, en petites
radicules renflées, celluleuses aussi et qui se confondent avec les
terminaisons veineuses ; de sorte que, si par la pensée on enlève les
dilatations terminales de ces deux ordres de vaisseaux, on obtiendra
des conduits flexueux anastomosés les uns avec les autres, agrégés et
groupés en très grand nombre, quoique constituant toujours le
cercle complet artérioso-veineux que l'on trouve dans toutes les
autres parties de la mécanique animale.

Des expériences faciles à reproduire, démontrent cette large voie
de communication entre les artères et les veines dans le tissu érectile.
Faites la ligature de la veine dorsale du pénis du cheval ou de la veine
splénique pour la rate, et de suite l'artère projetant toujours du sang
avec force, déterminera une grande turgescence dans l'organe. In-
jectez l'artère splénique ou l'artère honteuse, et sur le cadavre les
mêmes phénomènes de gonflement se reproduiront. Les injections
par les veines déterminent, avec une égale puissance et une rapidité
aussi grande, le développement brusque et spontané du tissu érectile.
Ces expériences démontrent d'une manière péremptoire que le tissu
érectile n'est pas une trame cellulaire spongieuse, intermédiaire et en
dehors du grand cercle circulatoire. Cette communication directe
entre les artères et les veines explique la spontanéité de l'érection.

La cause de la rapidité de cette turgescence du pénis réside dans le
système nerveux dont les innombrables filets couvrent sous forme de
réseau ou de plexus les dernières terminaisons des conduits sanguins.
Un rayon de lumière émané du génie de Bichat sur la multiplicité des

divisions nerveuses en rapport nécessaire avec les systèmes capillaires sanguins, éclaire ce point de structure du tissu érectile, lui-même tissu capillaire.

Sous l'influence de l'excitation nerveuse, il s'opère un afflux considérable de sang dans les excavations cellulaires et spongieuses du tissu érectile qui le dilate, le gonfle, le durcit avec rapidité et détermine le phénomène de l'érection. Les limites de la turgescence du tissu érectile sont tracées par les enveloppes membraneuses qui renferment ce lacis vasculaire. C'est la capsule fibreuse distendue qui, en effet, donne au pénis en érection la forme triangulaire : elle n'est donc pas, quoique son concours soit tout mécanique, complétement étrangère à la régularité du mécanisme de l'érection.

Des puissances musculeuses agissent comme moyens auxiliaires dans la production du phénomène de l'érection ; chaque muscle de l'appareil génital a un rôle particulier que nous allons faire connaître.

Des Muscles ischio-caverneux.

Les racines du corps caverneux sont cachées par des faisceaux musculaires aplatis, allongés, qui se fixent par une extrémité étroite et tendineuse au côté interne de la tubérosité de l'ischion ; ces faisceaux deviennent plus larges vers le milieu du petit muscle qu'ils forment, et se rétrécissent de nouveau pour dégénérer en fibres tendineuses qui s'épanouissent en rayonnant sur la tunique fibreuse du corps caverneux. Beaucoup de fibres blanches, tendineuses, se mélangent avec les fibres musculaires dans l'épaisseur des muscles ischio-caverneux. Leur plan interne se trouve en rapport avec le muscle bulbo-caverneux, des vaisseaux et des nerfs renfermés dans un tissu adipeux très abondant.

Usages. — Les auteurs s'accordent à considérer ces muscles comme déterminant l'érection du pénis. M. Flourens observe que le point fixe d'attache étant à l'ischion, le point mobile à la verge, et la masse des fibres antérieure à la racine du corps caverneux, ce muscle doit, par sa contraction, tendre plutôt à abaisser la verge pour lui donner une inclinaison convenable, qu'à servir de puissance d'érection.

Muscles bulbo-caverneux.

La portion bulbeuse du canal de l'urètre est recouverte par des fibres musculaires auxquelles on a imposé le nom de muscles *bulbo-caverneux*. Ces fibres se confondent en arrière avec les muscles sphincter externe et transverse du périnée ; elles ont une direction oblique et convergente, pour se réunir à un raphé tendineux sur la ligne médiane, et se terminer ensuite par des expansions fibreuses sur les côtés de la base des corps caverneux.

Usages. — Les muscles bulbo-caverneux ont pour objet de resserrer la portion bulbeuse du canal de l'urètre et d'accélérer le cours du sperme dans l'éjaculation.

Muscles de Wilson.

Deux petites lames musculaires, aplaties, allongées, composées de faisceaux accolés, s'insèrent au sommet de l'angle sous-pubien, descendent sur les parties latérales de la portion membraneuse de l'urètre, convergent l'une vers l'autre pour se réunir à la partie postérieure de cette même région, sans raphé tendineux médian bien marqué. Ce sont les muscles de Wilson.

Usages. — Ces muscles ont pour effet de relever la portion du canal qui leur donne insertion, et d'en effacer plus ou moins la courbure naturelle (1).

Toutes les puissances mises en jeu, musculaires ou érectiles, aussitôt après l'éjaculation du sperme tendent à rentrer en repos, de sorte

---

(1) Au moment de l'éjaculation, ces petits muscles se contractent et empêchent tout mouvement rétrograde du sperme vers la vessie ; retour qui aurait lieu par les contractions énergiques des muscles bulbo-caverneux.

que la flaccidité de l'organe succède à sa turgescence à mesure que l'équilibre se rétablit dans la circulation : équilibre un instant troublé en vertu de l'excitation nerveuse.

Dans le mécanisme de l'érection, phénomène préalable à l'éjaculation de la liqueur séminale, le nerf commande aux muscles le rôle qu'ils doivent remplir. Les belles expériences de Haller ne peuvent plus laisser de doute dans l'esprit sur la puissance de l'irritabilité ou irritation nerveuse qui détermine la contraction et les relâchemens des muscles.

On se ferait une idée fausse de l'excitation nerveuse sur le tissu érectile et sur les systèmes vasculaires en général, si l'on croyait que les dilatations et les contractions des parois vasculeuses sont de même nature que la contractilité musculaire. La dilatation du tissu spongieux érectile est purement passive et résulte de l'arrivée du sang en proportion de l'excitation nerveuse. Le retour du tissu sur lui-même est un simple phénomène de rétractilité nécessaire à l'expulsion du sang pour ramener l'organe en flaccidité.

Annexes du tissu érectile de la verge.

Les corps spongieux et caverneux et le canal de l'urètre sont renfermés dans un double fourreau membraneux.

La peau ou enveloppe extérieure de cette gaîne, est très fine, mince, d'une couleur analogue à celle des autres régions du corps, garnie d'un grand nombre de follicules sébacés et de poils, surtout à la base de l'organe : elle se continue avec la peau du scrotum et du pubis.

La seconde tunique commune à toute la verge, est formée par le tissu cellulaire sous-cutané dont les caractères sont identiques à ceux du dartos. Ce tissu devient plus dense vers la base de la verge et s'élève du dos de cet organe sous forme d'une lame fibreuse, triangulaire, pour s'insérer à la symphyse pubienne et constituer le *ligament suspenseur de la verge.*

6

Jamais il ne s'accumule de graisse dans les aréoles du tissu cellulaire du pénis; ces aréoles sont lâches, très extensibles et permettent le glissement facile de la peau sur les parties profondes.

La gaîne membraneuse se prolonge au-delà de l'extrémité libre de la verge et se termine par une ouverture de grandeur variable. Cette continuité membraneuse, forme un cul-de-sac qui peut disparaître par la laxité de la peau et son retrait facile en arrière, et qui s'unit à la partie inférieure de la scissure de l'urètre par un petit repli triangulaire, appelé *frein* ou *filet* de la verge. Ce prolongement très mobile, se nomme *prépuce*, contient beaucoup de follicules sébacés qui sécrétent une liqueur odoriférante, et se trouve doublé à son intérieur par une prolongation de la membrane muqueuse du gland.

ARTICLE III.

APPAREIL GÉNITAL MALE ÉCLAIRÉ PAR L'ANATOMIE COMPARÉE.

Organes de formation.

La génération, cette grande fonction générale en vertu de laquelle on voit chaque espèce se produire et se perpétuer dans le règne animal, multiplie ou simplifie d'autant plus les organes qu'elle doit mettre en jeu dans la production de cet important phénomène naturel, que l'on s'élève ou que l'on s'abaisse davantage dans l'échelle zoologique. C'est ainsi que nous allons démontrer la marche décroissante de l'appareil génital mâle, depuis les mammifères jusqu'aux poissons.

MAMMIFÈRES.— Dans l'homme adulte on sait que les glandes séminales sont extra-abdominales et logées dans des enveloppes, vastes prolongemens des parois de l'abdomen. La position des testicules offre trois variétés bien remarquables dans les mammifères.

Première classe. Testicules extra-abdominaux.

Deuxième classe. Testicules alternativement intra et extra-abdominaux.

Troisième classe. Testicules intra-abdominaux.

Cette classification tracée par la nature, pour ainsi dire, fait naître des réflexions générales qui doivent trouver un appui solide dans les exemples pris avec soin dans le règne animal. Tous les êtres qui possèdent des glandes séminales extérieures doivent nécessairement avoir des poches membraneuses, des *bourses*, pour les renfermer : en effet, les quadrumanes, les carnassiers, les ruminans et les solipèdes présentent cette organisation spéciale.

Lorsque les testicules sortent de l'abdomen à l'époque du rut et reviennent en hiver se placer dans le ventre, il y a encore des prolongemens membraneux pour les recevoir à leur sortie. Cette classe mixte est formée par les taupes, les musaraignes, les hérissons, les rats, les castors, les écureuils, les cabiais, etc.

Les parois abdominales restent lisses lorsque les testicules sont intra-abdominaux. L'échidné, l'ornithorynque parmi les monotrèmes ; le phoque, la baleine dans les cétacés ; l'éléphant, le daman chez les pachydermes, etc., etc., sont des exemples curieux pour la solution de ce point de vue anatomique.

Ces trois classes présentent des variétés. Ainsi le cheval, l'âne, les ruminans ont le scrotum séparé en deux poches distinctes. Les testicules sont renfermés dans l'épaisseur du périnée, chez la civette et certains pachydermes. Les glandes séminales du chameau sont séparées et portées sous la peau de l'aîne qui leur forme une gaîne proéminente.

Le muscle *crémaster* doit subir les modifications imprimées au scrotum. Comme son objet est de soutenir et d'envelopper le testicule à l'extérieur, il manque dans les animaux de la troisième classe, et se montre d'autant plus vigoureux et développé, que les testicules sont plus volumineux. Les faisceaux charnus de ce muscle, chez le cheval, forment par leur agrégation un muscle aussi large que le petit pectoral de l'homme.

L'attitude verticale exige que le canal de communication entre le péritoine et la tunique vaginale s'oblitère, afin que l'anneau inguinal soit le plus fermé possible pour éviter la production des hernies. Dans la position horizontale, il n'y avait plus autant à craindre la formation des hernies par la pression des viscères sur l'anneau ; aussi est-il ouvert, et laisse-t-il une large voie de communication entre les cavités péritonéale et vaginale. Cette disposition est naturelle à tous les quadrupèdes. Si les membranes d'enveloppe ou de protection extérieure sont variables et toujours subordonnées à la présence ou à l'absence du testicule en dehors de la cavité abdominale , la condition anatomique change pour les enveloppes spéciales de cet organe qui sont au contraire permanentes et liées à sa structure intime.

Les tuniques vaginale et albuginée existent dans tous les animaux. Le fœtus humain lui-même possède la tunique vaginale , simple prolongement du péritoine qui enveloppe cet organe dans l'abdomen, et il n'y a pas d'exception pour l'existence de cette membrane séreuse , comme les animaux dont les testicules sont intra-abdominaux pourraient le faire supposer.

Si la tunique vaginale , à raison de sa nature , n'éprouve aucune variation d'épaisseur ou de ténuité , il survient au contraire des modifications notables pour la tunique albuginée ; elle devient ou plus mince ou plus épaisse , mais elle appartient toujours à l'ordre des membranes fibreuses.

Morphologie des testicules. — Le testicule humain est ovale ; cette forme se retrouve dans presque tous les mammifères. Cependant les testicules du blaireau , du raton et de l'éléphant ont une forme globuleuse. Elle est allongée dans le phoque et les autres cétacés.

Dans la nature animée , l'homme seul n'a pas de temps marqué pour la génération. C'est pourquoi ses testicules ont un *volume* constant et peu variable. On sait que pendant le rut , les testicules des animaux sauvages se développent , et diminuent de volume aussitôt que cette époque n'existe plus. La servitude amène de notables changemens ; car tous les animaux , soumis à notre empire , ou dont les conditions d'existence alimentaire sont assurées , ne sont pas détournés par le besoin impérieux de pourvoir à leur conservation et s'accouplent presqu'en tout temps. L'homme même favorise les nombreuses créations des animaux domestiques, pour servir à son usage et à ses spéculations.

La *structure intime des Testicules* se compose de petits vaisseaux très déliés, enlacés et agminés de mille manières différentes. La grandeur, le volume, et la disposition de ces conduits séminifères, offrent de notables modifications.

Exemple : le *Rat*.—On sépare avec la plus grande facilité les conduits séminifères les uns des autres sans macération, sans aucune préparation anatomique préalable.

Le *Lion*. — Les vaisseaux séminifères se réunissent en faisceaux très volumineux.

L'*Epididyme* est constant dans tous les mammifères. Sa forme, sa grandeur, ses rapports avec le testicule sont très variables.

Dans le *Rat* et les *Rongeurs*.—L'épididyme est séparé du testicule, et ne tient à cet organe que par un petit prolongement de la membrane albuginée. Ce processus fibreux renferme beaucoup de vaisseaux séminifères rectilignes bien développés, qui se continuent avec le canal déférent. Ce canal se sépare à angle droit de l'épididyme.

Phoque. — L'épididyme est très distinct du testicule, auquel il adhère légèrement par ses deux extrémités.

Marsupiaux. — Comme dans les deux exemples précédens, l'épididyme est séparé de la glande séminale, à laquelle il n'est uni que par les deux extrémités.

Dans l'*échidné*, l'épididyme semble remplacé par des vaisseaux réunis qui adhèrent au testicule.

OISEAUX. — Les testicules des oiseaux sont constamment placés dans la cavité abdominale, en arrière des poumons, au-dessous et à la partie antérieure des reins. Ils sont enveloppés par la séreuse péritonéale et la membrane albuginée. Leur volume varie suivant les espèces et les saisons. L'épididyme est en général peu distinct : dans l'autruche, cette masse de conduits flexueux est bien distincte du testicule. — La structure des glandes séminales ne diffère pas de la texture de celles des mammifères, seulement les conduits séminifères deviennent d'une ténuité extrême.

Reptiles. — Les testicules des trois premiers ordres des reptiles (*Sauriens*, *Chéloniens*, *Ophidiens*) ont une analogie parfaite avec ceux des oiseaux. Mais il y a de notables différences dans les *Batraciens*. Cette modification organique est une forme transitoire, une sorte de passage pour arriver aux poissons.

Exemple : la *Tortue*. — Les conduits séminifères forment des faisceaux très prononcés, séparés les uns des autres par une trame cellulaire très lâche, extensible, de sorte que l'on peut séparer avec facilité les faisceaux. La disjonction des petits conduits est très difficile.

Le *Lézard*. — Les conduits séminifères très fins sont difficiles à séparer.

Dans les *Batraciens*, et surtout les Batraciens *anoures*, suivant la dénomination du savant professeur Duméril, les vaisseaux séminifères se changent en petits grains glandiformes.

Poissons. — Dans un cours des années précédentes sur la Splanchnologie, M. le professeur Flourens a démontré d'une manière irréfragable, que la texture intime des viscères des poissons offrait de notables différences, suivant qu'ils étaient chondroptérygiens ou osseux : il doit aujourd'hui jeter un coup-d'œil rapide sur leur appareil génital pour tracer les limites qui séparent encore leur organisation.

1° *Poissons cartilagineux* ou *Chondroptérygiens*. Exemples : dans les *Raies*. — Les testicules sont formés de deux parties distinctes. L'une consiste dans une réunion de tubercules agminés. Cette portion tuberculeuse est encaissée dans des aréoles de tissu cellulaire assez lâche. L'autre partie est allongée, et renferme une matière pulpeuse, semblable à la laitance.

Dans les *Squales*. — Les glandes séminales se composent de gros faisceaux de conduits séminifères, mille fois repliés sur eux-mêmes ; les circonvolutions qu'ils forment, se rapprochent beaucoup pour l'aspect général, des lamelles circonvolutées des hémisphères cérébraux, ou bien encore des contours entrecroisés des intestins grêles. Cette organisation offre beaucoup de ressemblance avec la disposition des testicules de la tortue.

2° *Poissons osseux* ou *Acanthoptérygiens* et *Malacoptérygiens.* — Les glandes séminales forment la laite ou laitance *(lacteu)* : elles sont composées de deux sacs qui renferment pendant la saison du frai, une liqueur opaque, laiteuse, prolifique, sécrétée par les parois des sacs, dont les lames membraneuses semblent être hérissées à leur face interne de follicules glanduleux disséminés.

Exemple : dans le *Saumon.*— Les parois du sac ont des prolonge-mens celluleux qui s'entrecroisent pour former un tissu spongieux, aréolaire. La face interne de toutes ces aréoles ou vacuoles sécrète le sperme.

Des Vésicules séminales.

L'existence de ces réservoirs membraneux du sperme n'est bien constatée que dans les mammifères. Les trois autres classes (oiseaux, reptiles, poissons) n'offrent que de simples dilatations du conduit déférent.

Dans les mammifères, ces vésicules se distinguent en deux groupes principaux.

· Le premier comprend les vésicules essentielles ;

Le second renferme les vésicules accessoires.

Une différence capitale sépare les vésicules accessoires des vésicules séminales : celles-ci ne sont gonflées que pendant le temps du rut, et se rendent toujours aux canaux éjaculateurs; celles-là, au contraire, vont s'ouvrir directement dans le canal de l'urètre. Des variétés organiques importantes se montrent dans les mammifères, en voici des exemples :

Les Carnivores, les Ruminans, les Cétacés, les Marsupiaux, n'ont pas de vésicules séminales.

Dans les Quadrumanes, Pachydermes, Rongeurs, elles existent, et leur identité avec celle de l'homme ne saurait être révoquée en doute.

Le *Cheval* a deux sacs membraneux allongés pour vésicules.

Dans l'*Eléphant*, elles sont très grandes et étranglées par des sillons nombreux, foliacés. A l'extérieur, il y a un muscle puissant qui les vide par sa contraction.

Quelle est la loi d'existence de ces vésicules séminales ? Ces réservoirs membraneux éprouvent tant de variations, même dans la classe des mammifères, qu'il est bien difficile de tracer la nécessité d'existence de ces vésicules. Le problème organique offrirait peut-être moins d'entraves si un ordre tout entier d'animaux possédait des vésicules séminales, mais que de variétés !!! L'analogie si frappante que l'on trouve entre l'appareil sécréteur et excréteur du sperme avec l'appareil sécrétoire et excrétoire de la bile, est de nouveau corroborée par l'impossibilité où l'on est de déterminer pour le foie, comme pour le testicule, la nécessité d'un réservoir. Là, sans sortir d'une même famille, celle des ruminans, on voit que le bœuf a un réceptacle spécial pour la bile, tandis que le cerf en est totalement dépourvu : ici des plantigrades possédent des vésicules séminales, et l'ours, qui appartient à cette famille, présente à peine une dilatation du conduit déférent. Cette loi naturelle est donc totalement méconnue et mérite de sérieuses recherches.

Le développement et l'usage des vésicules séminales nous sont mieux connues.

Dans le *Hérisson* et l'*Agouti*, outre les poches multiloculaires essentielles, on en trouve encore d'accessoires fort multipliées, qui excèdent le volume du testicule et forment quatre à cinq paquets, isolés remplis de sperme durant le sommeil hybernal.

Cette agrégation d'organes se trouve en rapport avec l'usage de l'appareil génital. Procédons du simple au composé pour démontrer cette vérité anatomico-physiologique.

Si l'on peut dire d'une manière générale, que les oiseaux, les reptiles et les poissons se trouvent dépourvus de vésicules séminales, il survient des modifications tellement curieuses dans leur appareil excrétoire de la génération qu'elles peuvent tracer d'une manière nette et précise l'usage des vésicules multiloculaires. Ces classes animales renferment, en effet, les premiers élémens des vésicules séminales.

Le canard ; beaucoup d'oiseaux, le cheval et plusieurs mammifères, certains reptiles ont à une hauteur variable du conduit déférent une ampoule ou dilatation qui renferme la liqueur prolifique. C'est un réservoir uniloculaire. Si vous ajoutez des dilatations successives et latérales au conduit vecteur du sperme, il surviendra des poches membraneuses multilobulaires, et ce sera le type naturel des vésicules séminales. Cette opinion ne saurait être taxée de paradoxe par l'observateur attentif, qui, chez l'homme découvre l'artifice de la formation de ces vésicules.

Le conduit déférent présente en ce point des valvules spiroïdes analogues à celles du conduit cystique de la vésicule biliaire et dans l'intervalle des valvules une dilatation entière du canal. Après un nombre variable de dilatations, on voit les vésicules survenir et présenter de plus larges ampoules. C'est donc par un refoulement excentrique des parois que se forment les vésicules séminales. Comme toutes ces dilatations renferment de la liqueur prolifique, leur usage est bien déterminé, elles sont destinées à maintenir la semence en réserve, de même que la vésicule biliaire renferme la bile sécrétée avec excès par le foie hors le temps de la digestion.

On a élevé des doutes sur l'usage des vésicules séminales. Certains physiologistes pensaient qu'elles étaient destinées à contenir une liqueur spéciale analogue au fluide prostatique. Qui pourrait douter maintenant que ce sont les réservoirs de la semence ? Lorsque le conduit déférent est dilaté et que la dilatation est remplie de sperme, il ne saurait y avoir de controverse. L'usage reste le même, quand le canal se complique d'ampliations latérales multiloculaires. Les animaux hybernans nous fournissent la preuve de cette vérité physiologique. Lorsque le hérisson qui appartient à cette famille sort de la torpeur, les canaux déférens, les vésicules séminales, les conduits éjaculateurs et même le canal de l'urètre sont gorgés de liqueur prolifique. Cette abondance de sperme, nécessaire pour des êtres qui ont

7

un temps déterminé et très court pour le rut, indique par son passage successif la filière naturelle de la semence. Ainsi donc, soit par le raisonnement, soit par la preuve matérielle des faits, il est bien évident que les vésicules séminales jouent le rôle de réservoir de la liqueur prolifique.

ARTICLE IV.

I. *Organes annexes ou accessoires.*

Les testicules, parties *essentielles* de la génération, existent dans tous les animaux; tandis que les parties accessoires, comme les vésicules séminales, la prostate, les glandes de Cowper, le canal de l'urètre subissent des modifications plus ou moins importantes et peuvent même complétement disparaître.

α. De la Prostate.

Le fluide prostatique concourt à lubrifier les parois du canal de l'urètre avec les follicules mucipares de la tunique muqueuse, afin d'empêcher la phlogose qui serait inévitable et très fréquente par le passage et le séjour momentané de l'urine et du sperme dont les qualités irritantes sont bien constatées. Ce fluide, sécrété en abondance durant la copulation, sert encore de véhicule au sperme.

La glande prostate, qui produit cette liqueur, existe dans tous les quadrumanes, chéiroptères, didelphes, carnivores, pachydermes, ruminans, cétacés.

Elle manque dans le hérisson, la taupe et plusieurs rongeurs. Ces animaux possèdent des vésicules séminales accessoires; vésicules qui semblent avoir pour effet de remplacer la glande absente : car dans cette même famille des rongeurs, il y en a qui ont une prostate, et la présence de cet organe glanduleux emporte avec elle la perte des vésicules accessoires.

Cette description comparative trouvera une nouvelle application,

égale pour la justesse, quand nous parlerons des glandes de Cowper.
Il sera alors bien évident que ces parties accessoires de l'appareil
génital peuvent se suppléer les unes aux autres, ou manquer en totalité ; que la prostate rend inutile tous les autres organes accessoires
de sécrétion ; que les vésicules accessoires suppléent aux glandes de
Cowper et à la prostate; enfin, que les glandes de Cowper elles-mêmes
entraînent quelquefois l'absence de la prostate et des vésicules accessoires.

La glande varie par le nombre ; unique dans le chat, le chien, elle
est double dans les ruminans, et quadruple dans les solipèdes.

Dans l'homme, la texture de la prostate est analogue à celle du parenchyme glandulaire. Ces grains glanduleux deviennent déjà moins
agglomérés dans le marsouin et finissent par être complétement disséminés dans les vésicules accessoires.

Le *papion* (quadrumane) a cette glande double. Sa texture offre peu
de différence avec la prostate de l'homme.

La glande prostate de l'*éléphant* est double, creusée à l'intérieur
d'une cavité, et son volume est bien plus petit que celui des glandes
de Cowper. On la nomme *prostate postérieure*, par opposition aux
glandes de Cowper, nommées *prostate antérieure*. En anatomie comparée on conserve cette dénomination, lorsque la prostate et les
glandes de Cowper sont séparées par un assez grand intervalle.

La prostate des ruminans paraît également creusée d'une cavité à
son intérieur.

β. *Glandes de Cowper.*

Il est facile de démontrer leur présence chez les animaux du genre
felis, dans les chéiroptères et les pachydermes, etc. On constate leur
absence dans l'ours, le raton, la taupe, les solipèdes, les cétacés.

La structure intime des glandes de Cowper est vésiculeuse chez
les rongeurs. Il serait facile de prime-abord de confondre ces glandes
modifiées avec les vésicules séminales. Deux traits distinctifs serviront
à éviter cette erreur. Ce n'est qu'à l'époque du rut que les vésicules

séminales sont remplies d'un liquide visqueux, tandis que les glandes de Cowper vésiculeuses renferment une liqueur onctueuse dans tous les temps. Une autre distinction plus solide repose sur le mode d'embouchure de ces dilatations vésiculeuses. Les canaux des glandes de Cowper et de la prostate, organes de sécrétion, se rendent toujours dans le canal de l'urètre. L'insertion simple ou multiple des vésicules séminales au conduit déférent, où elle se fait d'une manière constante, est une preuve différentielle pathognomonique pour l'anatomie de ces poches vésiculeuses.

Les glandes de Cowper dans le *papion*, la *civette* sont très développées.

Chez les *marsupiaux* on compte de quatre à cinq et même six glandes.

Le *phalanger*, la *sarigue*, le *kanguroo* en possèdent, comme on peut le voir, plusieurs bien séparées.

Les glandes de Cowper, très volumineuses, sont fort éloignées de la prostate bilobée des *solipèdes*. C'est un exemple très curieux de prostate antérieure.

Lion, chat. Les glandes consistent dans de vastes ampoules vésiculeuses qui sont situées en dehors du bassin et recouvertes par la peau du périnée.

Enfin, ces organes glanduleux existent avec la prostate dans l'homme, les quadrumanes, les carnivores, et se rencontrent parfois séparément chez certaines espèces d'animaux.

II. *Du Pénis (organe essentiel d'accouplement).*

L'analyse de cet organe démontre que les parties essentielles sont les corps caverneux et les corps spongieux; que le canal de l'urètre n'est qu'une partie accessoire surajoutée aux organes génitaux. On trouve en effet ce conduit, dans certains animaux, complétement séparé du pénis.

Exemples des variétés de position du pénis.

Homme, quadrumanes, chéiroptères. La verge est dite pendante, en langage d'histoire naturelle.

Carnassiers, pachydermes, ruminans, solipèdes. La verge sortie du bassin ne se détache pas du ventre. Elle reste appliquée contre les parois abdominales qui lui fournissent une enveloppe nommée le *fourreau* du pénis. Cette gaîne membraneuse s'avance plus ou moins près de l'ombilic, suivant les espèces.

Chameau, genre félis. La verge remonte vers la symphyse pubienne, comme de coutume, et tout-à-coup son extrémité se recourbe en arrière. Cette disposition particulière de l'organe permet à ces animaux de lancer l'urine en arrière. Au moment de l'accouplement, la verge se redresse sur la paroi antérieure de l'abdomen.

Dans certaines classes, le pénis est constamment dirigé vers l'anus et sort non loin de l'ouverture intestinale. Cette variété renferme deux cas différens :

Didelphes. La verge dirigée en arrière sort près de l'anus, de telle sorte que le prépuce est contenu dans l'orifice anal.

Rongeurs. La direction en arrière du pénis est constante; mais l'organe de copulation est plus éloigné de l'anus, et son prépuce n'est point compris, comme chez les didelphes, dans le sphincter anal.

La *forme* du pénis varie encore plus que sa position. Les ruminans ont l'organe d'accouplement très grêle, tandis qu'il est très développé dans les solipèdes, etc.

α. *Corps caverneux.*

On peut dire d'une manière générale que les racines des corps caverneux se trouvent toujours juxta-posées sur les os ischions. Cependant deux exceptions notables se présentent :

Dans les *didelphes* les corps caverneux ne tiennent aux os ischions que par les muscles ischio-caverneux.

Les os du bassin se détachent dans les *cétacés*. Dans cette classe, les vestiges d'os ischions semblent uniquement destinés à donner attache aux organes de la génération, et reçoivent les insertions des corps caverneux.

En résumé, soit médiatement, soit immédiatement, c'est des os ischions que partent les corps caverneux, lors même qu'il n'existent qu'à l'état de vestiges.

β. *Septum caverneux.*

Dans les quadrumanes, cette cloison médiane est plus ou moins complète. Le chien a un septum caverneux, assez marqué, mais incomplet; tandis que la cloison est tout-à-fait entière, complète dans l'éléphant.

Cette cloison manque chez les ruminans, les solipèdes et les cétacés.

γ. *Os pénial.*

Outre la plus grande résistance qu'il donne à la verge, l'os pénial détermine souvent par son extrémité terminale la forme du gland lorsqu'il se prolonge dans toute la verge.

Cet os existe dans les quadrumanes, les chéiroptères, les carnassiers, sauf l'hyène. Il manque dans les pachydermes, chez le dauphin: c'est un os énorme dans les baleines.

δ. *Élémens de la verge distincts.*

Les *monotrèmes* (échidné, ornithorynque), ont une seule ouverture pour donner issue à l'urine et au sperme. Cette disposition met en évidence que le canal excrétoire de la liqueur séminale peut être séparé de l'organe d'accouplement.

Échidné. — Le canal de l'urètre est simplement membraneux. Une membrane muqueuse interne est enveloppée par une couche musculeuse sans aucune trace de tissu érectile. On dirait la composition naturelle et permanente de la région membraneuse de l'homme qui se prolonge et constitue un canal de l'urètre dans son véritable état de simplicité : c'est le canal réduit à sa plus simple expression de texture. Le pénis de l'échidné est situé au-dessous du canal de l'urètre. Le gland est bilobé et chaque lobe se subdivise encore en deux autres petits lobules. Ce gland, divisé en quatre lobules égaux, est totalement imperforé.

Ornithorynque. —Le canal de l'urètre, séparé de l'organe d'accouplement, qui est situé au-dessous, présente une texture entièrement analogue à celui de l'échidné. Le gland est simplement bilobé. Tel est le plus bel exemple que nous fournisse l'anatomie comparée pour la démonstration de cette vérité que l'urètre est joint aux organes de copulation d'une manière accidentelle.

Les OISEAUX présentent une organisation moins évidente, mais tranchée pour la solution du problème organique. Cependant, au fond, il y a quelque chose d'à peu près pareil aux monotrèmes.

En général, les oiseaux n'ont pas un pénis bien développé. L'organe de copulation consiste en une papille formée de tissu érectile et située à la partie inférieure du cloaque, de sorte que le coït ne s'opère que par la juxta-position des deux anus. Quelques oiseaux, tels que l'autruche, le casoar, certains gallinacés, le canard et d'autres palmipèdes possèdent un véritable pénis. Un point capital, qui prouve encore le rôle secondaire de l'urètre, c'est que pas un seul oiseau ne possède ce conduit. On sait que chez ces animaux, les conduits déférens et les urétères se rendent directement dans le cloaque.

Toutefois, quand il y a un pénis, il conduit la semence.

Autruche. — L'énorme pénis de cet animal présente un sillon sur la face dorsale afin de conduire la semence dans les organes de la femelle. La texture de la verge se compose de deux corps caverneux : le corps gauche est fort long ; le corps droit moins allongé, permet au pénis de se recourber en ce sens pour venir se placer dans une poche spéciale, durant l'état de flaccidité des parties. La tunique fibreuse d'enveloppe ne se mélange pas avec la partie vasculaire. Le gland se compose de tissu érectile.

La verge du casoar et de la cigogne a une structure et une conformation qui diffèrent peu du pénis de l'autruche.

Canard.—La verge de cet animal se compose de deux parties bien
distinctes. L'une forme une enveloppe extérieure, sillonnée par de
nombreuses rides obliques, l'autre, intérieure est plus épaisse, plus
dure, presque cartilagineuse. L'enveloppe externe joue le rôle d'un
fourreau, car pendant l'érection, la partie interne ou cylindroïde
interne s'enfonce dans la partie cylindroïde externe et la déplisse. Le
déplissement des rides obliques n'est pas complet, de sorte que
l'organe ne peut se développer en ligne droite. Cette obliquité fait
que le pénis va en zigzag ou en spiroïde : disposition qui détermine
une grande solidité dans l'organe en érection.

On peut ranger les *reptiles* en trois classes :

Première Classe. Pénis simple. — *Chéloniens.* { *Tortue.* Son pénis énorme se rapproche de celui de l'autruche.

Deuxième Classe. Pénis double. { *Ophidiens.* *Sauriens.* { *Sauvegarde.* Papilles du gland très développées. *Couleuvre.* Les corps caverneux doubles sont bien distincts. En général, les sauriens et les ophidiens ont les corps caverneux complets et séparés. *Crocodile.*

Troisième Classe. Absence du pénis. { *Batraciens.*

Si l'appareil de sécrétion du sperme existe dans tous les animaux
comme la partie essentielle, fondamentale pour la reproduction de
l'espèce, l'organe d'accouplement ne semble lié que d'une manière
accessoire au grand acte de la génération, puisqu'on le voit déjà
manquer dans les batraciens.

L'organe de la copulation disparaît dans les poissons. Le mâle
féconde au moyen d'un simple arrosement de liqueur séminale les
œufs qu'il trouve déposés par les femelles.

Cependant il existe quelques exceptions bien curieuses à cette
règle générale du mode de reproduction des poissons. Les *blennies*,
par exemple, sont susceptibles d'accouplement à l'aide d'un tubercule
érectile placé à côté de l'anus.

Dans les raies et les squales, ce tubercule s'allonge en **une proémi-nance** assez saillante à la face supérieure du rectum. De chaque côté de la nageoire anale, on trouve un organe dur, solide, qui semble destiné à former un organe de préhension. On conçoit qu'à l'aide de ces deux appendices, l'animal puisse saisir la queue de la femelle, avec laquelle il y a juxta-position anale.

DEUXIÈME SECTION.

APPAREIL GÉNITAL FEMELLE.

Considérations générales.

L'objet principal du sexe femelle est de fournir un produit appelé *œuf*, et de l'expulser après un espace de temps variable, suivant les espèces ovipares et vivipares.

Ce point très circonscrit de l'organisme où les œufs apparaissent, était considéré autrefois comme le testicule de la femelle, dans l'idée que cet organe était destiné à fournir pendant l'acte de la copulation un fluide séminal. Stenon, un des premiers, combattit cette erreur, détermina le siége de l'organe, réceptacle des œufs, et lui donna le nom d'*ovaire*. Il faut avouer cependant, que si, l'ovaire se différencie du testicule par la nature de son produit, ces deux organes jouent le rôle le plus important dans les fonctions des appareils génitaux, puisque l'un et l'autre fournissent les élémens capables de donner par leur réunion l'existence individuelle à un nouvel être. Aussi trouverons-nous l'ovaire permanent dans toutes les classes animales, excepté toutefois, dans les générations gemmipares. Le testicule, l'ovaire, remplissent donc un rôle d'une telle importance dans la génération, que seuls, abstraction faite de tout le rouage si compliqué des autres parties des organes génitaux mâle et femelle, ils peuvent déterminer la formation des êtres vivans.

8

(58)

Selon que l'œuf, produit de l'ovaire, doit séjourner dans l'intérieur, ou bien, hors des organes femelles après la fécondation, pour faciliter le développement du germe dont il fait partie intégrante, il se manifeste des modifications importantes dans la composition de l'appareil génital. Ces notables changemens peuvent se rapporter à trois chefs.

Lorsque l'œuf fécondé ne doit faire dans les voies génitales que le séjour nécessaire, afin qu'il puisse y puiser tous les élémens nutritifs et de protection, indispensables à son accroissement hors des organes génitaux : il existe un simple conduit, émissaire ou *oviducte*, destiné à transmettre au dehors l'œuf complétement formé. C'est le cas de tous les ovipares.

Si le germe doit acquérir d'assez fortes proportions pour sortir des organes femelles dans un état de formation presque complète ; l'oviducte éprouve alors une ampliation dans un point variable de son étendue, comme on le voit dans les ovo-vivipares.

Cette ampliation de l'oviducte devient une poche particulière et constitue l'organe appelé *matrice*, *utérus* dans les mammifères. Renfermé dans cette poche, le germe croît, se développe avec elle, et lorsqu'il est parvenu à l'état viable, il est expulsé hors des voies génitales, dans un degré de perfection tel que, à la rigueur, il pourrait se passer même du fluide nutritif secrété en abondance par les mamelles. Il peut donc vivre d'une vie propre, indépendante.

Si l'oviducte devient tour-à-tour, par rapport au germe, conduit simple, uniforme, dilaté d'une manière permanente ou passagère, le *vagin* éprouve aussi une mobilité de conformation et d'existence en rapport avec l'acte d'accouplement dont il forme l'organe essentiel. Lorsque la copulation ne doit pas s'effectuer, la présence du vagin devient inutile : c'est pourquoi ce canal membraneux manque complétement dans tous les ovipares.

L'examen des modifications que l'appareil génital éprouve, soit pour les organes de formation, soit pour les organes d'accouplement, pourrait s'environner d'obscurités s'il était poursuivi trop loin dans ces considérations générales : il sera donc préférable de le compléter après l'exposition de l'anatomie descriptive des organes femelles.

Jusqu'à ce jour, la division classique de l'appareil de la génération adoptée sans restriction par tous les anatomistes, en parties génitales internes et externes, n'indique qu'une disposition bien peu importante de l'ensemble des organes : outre qu'elle n'est pas complétement juste, cette division n'est pas capable de frapper l'esprit d'une manière nette, du rôle que chaque fraction organique remplit dans cette agrégation de parties dont se compose les voies génitales. Combien est donc supérieure, la classification physiologique adoptée dans ce Cours et dont les principaux traits viennent d'être esquissés; puisque chaque mot a une valeur déterminée et indique la partie active d'un point de l'organisme dans le phénomène de la reproduction ! Il suffit de jeter un coup-d'œil sur le tableau ci-annexé, pour se former une idée générale de toutes les pièces de l'appareil femelle et de leurs principales fonctions.

APPAREIL GÉNITAL DE LA FEMME.

L'acte de la fécondation terminé, l'appareil génital mâle demeure étranger aux phénomènes consécutifs qui vont développer de si grandes merveilles dans l'organisme de la femelle. Un rôle nouveau commence chez elle, et pour l'accomplir, la nature a prodigué avec un art infini des modifications très complexes dans les organes de formation et d'accouplement : modifications qui renferment toute l'histoire topographique des voies de la génération que nous allons exposer.

ARTICLE PREMIER.

ORGANES DE FORMATION.

Des Ovaires (de Testibus mulieribus).
(Voy. Pl. I, ε.)

Deux corps ovoïdes, moins volumineux que les testicules, comprimés d'avant en arrière, situés dans l'aileron postérieur du liga-

TABLEAU DE L'APPAREIL GÉNITAL DE LA FEMME.

ORGANES DE FORMATION.

PARTIES ACCESSOIRES OU DE GESTATION.

L'*Utérus* ou la matrice divisée en { fond, corps, col.

Annexes de l'Utérus.

1° Les deux trompes de Fallope, canaux destinés à conduire l'œuf dans l'utérus.

1° Ligamens propres de l'utérus. { Ligament rond. Ligament de l'ovaire.

3° Ligamens formés par les replis du péritoine. { Ligamens utéro-pubiens. Ligamens utéro-sacrés. Ligamens larges. { ailerons antérieurs, supérieurs ou moyens et postér.

PARTIES ESSENTIELLES OU DE FORMATION DU GENRE.

Les deux *Ovaires*, organes qui servent de réceptacle aux œufs.

Vaisseaux. { artériels. veineux. lymphatiques.

Nerfs.

ORGANES D'ACCOUPLEMENT OU DE SENSATION.

PARTIES ACCESSOIRES OU DE PROTECTION.

La *Vulve*. { Le mont de Vénus ou pénil. Les grandes lèvres. Les nymphes. Le vestibule. L'hymen. La fourchette. La fosse naviculaire.

Le méat urinaire.

PARTIES ESSENTIELLES OU DE SENSATION.

Le *Clitoris*. { Les corps caverneux clitoridiens. Les muscles ischio-clitoridiens. Le gland du clitoris et son prépuce. Le ligament suspenseur.

Le *Vagin* ou canal vulvo-utérin. { Le plexus rétiforme. Le muscle constricteur du vagin. Les débris de l'hymen ou caroncules myrtiformes.

ment large, et derrière la trompe de Fallope ; considérés à tort par les anciens , comme deux glandes destinées à sécréter la liqueur séminale des femelles , constituent le réceptacle des œufs humains : ce sont les *ovaires*. Une laciniure , ordinairement la plus longue du pavillon frangé de la trompe de Fallope , adhère à l'extrémité externe des ovaires , tandis qu'un prolongement du tissu utérin , sous forme de faisceau solide et grêle, long d'un pouce et demi environ , vient s'insérer à l'extrémité interne , pour maintenir l'organe en position.

Cette situation interne et profonde des ovaires , les soustrait à l'action funeste des agens vulnérans extérieurs , et n'oblige pas la nature à fournir des enveloppes de protection , comme pour les testicules.

Anatomie de texture. — La surface externe des ovaires recouverte par le péritoine est lisse et parfaitement unie avant l'époque de la puberté ; elle devient rugueuse et ridée aussitôt que les œufs commencent à apparaître , et les rides ou cicatricules sont d'autant plus multipliées que la femme a produit une plus grande quantité d'œufs abortifs ou fécondés. Ces petites cicatrices sont les vestiges des corps jaunes, dont nous expliquerons plus tard le mode de formation.

Au-dessous du péritoine on trouve la membrane fibreuse propre des ovaires , membrane analogue à la tunique albuginée du testicule, soit par sa nature, soit pour ses usages, et que Galien appelait *dartos*. Cette tunique envoie des prolongemens fibreux intérieurs dans un parenchyme spongieux ; aréolaire , de couleur grisâtre , blanchâtre , et légèrement humecté par un fluide contenu dans ses aréoles lâches, , molles et faciles à rompre. La multiplicité des prolongemens fibreux internes détermine une telle adhérence, entre le tissu et la membrane fibreuse que ce tissu fait corps avec elle, et se dissèque avec difficulté. Une fois la séparation opérée, la membrane se divise en deux feuillets fibreux.

Dans le parenchyme ou tissu aréolaire apparaissent des petites vésicules , variables pour le nombre et le volume ; on en compte souvent douze à quinze , isolées les unes des autres; elles ont la gros-

seur d'un grain de millet ou d'orge. Après la parturition, le tissu
ovarien est plus abreuvé de liquide, ses mailles sont plus lâches, et on
dissèque avec grande facilité les ovules placés, tantôt à la périphérie,
tantôt au centre de l'organe. La structure intime et le mode de
formation des vésicules concernent la seconde partie de ce Cours ou
l'Ovologie.

Les *artères* et *veines ovariques* ont à part, quelques modifications
relatives à la situation interne des ovaires, même origine, même
trajet et même terminaison que les artères et veines spermatiques.

β. *Des Trompes utérines.* (*De Vasis deferentibus mulierum,* de Graaf.)

(Voy. Pl. I, DD.)

Les trompes de *Fallope* ou *utérines,* sont deux conduits flottans dans
la cavité abdominale, fixés aux angles supérieurs de l'utérus par une
extrémité ; libres et offrant une disposition particulière à l'extrémité
opposée ; placés dans la duplicature péritonéale de l'aileron supérieur
ou moyen des ligamens larges et destinés à conduire, à l'aide d'une
cavité interne dont ils sont creusés, l'ovule, dans l'intérieur de la
matrice.

Longues de cinq à six pouces environ, les trompes utérines, d'abord
étroites à leur origine grossissent et deviennent plus sinueuses, à
mesure qu'elles se rapprochent de l'ovaire, se rétrécissent un peu
avant de former le vaste évasement connu sous le nom de *morceau
frangé,* ou *de pavillon frangé.* Le contour de cette extrémité ovarienne de la trompe, est très irrégulier, découpé en languettes
ou laciniures. Une de ces franges parmi les plus longues est adhè-
rente à l'ovaire.

Le canal (1) ou conduit intérieur des trompes, capillaire à son origine, à l'angle supérieur de la cavité utérine, se dilate comme les
contours sinueux externes, à mesure qu'il approche de l'ovaire, offre

_____

(1) Dans la cavité des trompes il n'y a pas de valvules comme le croyait Verthon (*Varthonus,*
cap. 3, *de Gland.*) (Pl. II, c'.)

un léger étranglement, sans apparence valvulaire (comme **Fallope**
l'avait d'abord cru, mais il a rectifié lui-même son erreur) et forme
le pavillon frangé, espèce de cavité à parois découpées et flottantes.
C'est, dans la race humaine, le seul point où les membranes séreuses communiquent avec les membranes muqueuses. La zoologie
possède beaucoup de connexions analogues, et il n'y a rien de contraire aux lois générales d'organisation dans cette continuité.

Anatomie de texture. — Prolongation de la membrane muqueuse
de l'utérus, la tunique interne des trompes villeuse et rougeâtre,
recouverte de mucosités, offre des plis longitudinaux d'autant plus
sensibles qu'on se rapproche davantage vers le pavillon frangé.

La tunique externe ou propre est fibreuse et souvent recouverte de
fibres musculaires évidentes sous forme de prolongement du tissu
utérin.

Entre ces deux membranes, il existe un tissu érectile, visible surtout
au pavillon de la trompe, où il est possible de l'injecter. Ce tissu
vasculaire de même que tous les vaisseaux des parois proviennent des
artères et veines ovariques. Les vaisseaux lymphatiques se joignent à
ceux de l'ovaire pour suivre le trajet des conduits sanguins veineux et
se jeter dans les ganglions lombaires.

De l'Utérus ou Matrice.

(Voy. Pl. I, A.)

La matrice, organe de gestation chez la femme, est une dilatation
permanente de la trompe de Fallope que l'on a comparée, soit à une
calebasse, soit à un cône (1); situé dans la cavité des os du bassin, l'u-

(1) L'utérus est piriforme, sa plus grosse extrémité ou base répond en haut et en avant; elle est
couronnée par les anses intestinales : son sommet, dirigé en bas et en arrière, se continue avec
le vagin formant avec ce canal un léger coude qui permet à cet organe de pouvoir demeurer dans
le milieu de l'excavation pelvienne. Mais cette direction subit toutes les modifications déterminées
par l'état de plénitude ou de vacuité de l'utérus et par les inflexions journalières que lui im-
priment les réservoirs stercoral et urinaire, lorsqu'ils sont gorgés de fluides excrémentitiels et

térus est piriforme. Mesuré dans son état de vacuité, il a trois pouces de longueur, deux pouces et quelques lignes dans sa partie la plus large, et huit à neuf lignes dans la plus grande épaisseur de ses parois.

Plan externe. — Ce viscère, aplati suivant le diamètre antéro-postérieur, présente deux faces; l'une, antérieure, légèrement convexe, lisse, en rapport avec la vessie; l'autre, postérieure plus bombée, contiguë au rectum. Il y a trois bords, l'un supérieur recouvert par les circonvolutions de l'intestin grêle, les deux autres latéraux, obliques, logés dans l'épaisseur des ligamens larges et sur lesquels rampent les gros troncs vasculaires utérins. A la réunion du bord supérieur avec chaque bord latéral, se trouve l'insertion des trompes; au-dessous et au-devant de cette insertion, l'origine du ligament rond; au-dessous et en arrière, la naissance du ligament de l'ovaire.

L'espace compris entre le bord supérieur, et une ligne transversale étendue de l'insertion d'une trompe à l'autre, porte le nom de *fond*, et c'est la partie la plus large et la plus évasée qui forme une sorte de relief convexe. Le *col* a la forme d'un cône et plonge dans la cavité du vagin. Il est percé à son sommet d'une ouverture ovale dont le grand diamètre est en travers, c'est l'*orifice* externe du col de l'*utérus*. De cette division transversale, résultent deux lèvres arrondies en bourrelet; l'une antérieure un peu plus longue : l'autre postérieure, plus mince, et que le vagin circonscrit plus haut, toutes deux lisses chez les vierges, et rugueuses après la parturition; on a comparé au *museau* de la *tanche* (*os tincæ*), la disposition de ces lèvres qui font relief dans le vagin. La base du cône se continue par un léger rétrécissement avec la cavité du corps et constitue l'*orifice interne* du col utérin.

Le corps est la partie comprise entre le fond et le col et dont l'étendue est la plus considérable.

---

même par les diverses situations du corps tout entier. La position est donc mobile et très variable, quoique dans l'état de vacuité, ne sortant jamais d'une sphère d'action comprise entre la vessie en avant, le rectum en arrière et les parois de l'excavation pelvienne sur les côtés. Dans la grossesse, les rapports grandissent avec le volume augmenté du viscère qui remonte dans la région épigastrique, refoulant de tous côtés les organes compris dans la cavité abdominale.

(65)

Plan interne. — La cavité de l'utérus correspond au corps, au fond et au col, et n'est pas en rapport avec le volume de cet organe. Les parois très épaisses de cette cavité sont exactement contiguës entre elles, de sorte qu'il n'y a pas de vide, mais deux faces libres adossées juxta-posées, quoique faciles à séparer l'une de l'autre, par la présence de l'ovule, d'un liquide ou d'une tumeur pathologique. Les anatomistes la divisent en : (Pl. II)

Cavité du corps. Que l'on inscrit dans un espace triangulaire ; dont les angles supérieurs se continuent avec les orifices très fins des trompes de Fallope. L'angle inférieur se termine à l'orifice interne du col. Sa surface est lisse, unie, tapissée par une membrane muqueuse.

Cavité du col. Continue à celle du corps par cette ligne imaginaire nommée *orifice interne* du col dans l'art obstétrical, elle se termine à la fente transversale du museau de tanche ou l'*orifice externe* du col. Moins ample que la cavité du corps ; sa forme est cylindrique. La muqueuse du vagin se prolonge dans cette cavité, dans laquelle trois colonnes foliacées et palmées se trouvent souvent en relief. Sa grandeur, sa forme, subissent de notables changemens dans les femmes multipares et pendant la grossesse.

La matrice est maintenue en position par des replis du péritoine, appelés à tort *ligamens* et par les *ligamens ronds*, prolongemens de son tissu, de même que les *ligamens des ovaires* (Pl. I et II).

Du Péritoine. — La séreuse abdominale parvenue à la partie inférieure de la face postérieure de la vessie, se recourbe sur la face antérieure de l'utérus, envoie un premier prolongement latéral, franchit la base de cet organe pour tapisser sa face postérieure ; jette de côté un second prolongement, s'infléchit de nouveau pour se porter sur le rectum et se continuer avec le méso-rectum. La courbe antérieure du péritoine, entre la vessie et l'utérus forme le cul-de-sac antérieur utérin; elle est limitée latéralement par deux replis séreux et cellulo-vasculaires que l'on peut appeler ligamens *vésico-utérins*. La courbe postérieure du pé...

9

ritoine, beaucoup plus profonde est aussi limitée par deux replis latéraux de même nature et qui sont les ligamens *recto-utérins*.

Le double prolongement de la séreuse de chaque côté de l'organe,
sous forme de deux ailes membraneuses, constitue les *ligamens larges*.
La forme de ces deux prolongemens est triangulaire. La base du triangle
est partagée en trois replis appelés les *ailerons* des ligamens larges :
le supérieur, embrasse la trompe dans sa duplicature et se continue
avec la muqueuse au pavillon frangé ; l'antérieur se déploie sur le ligament rond jusqu'au canal inguinal (1), le postérieur tapisse l'ovaire et
son ligament. Le côté interne du triangle, n'est pas en rapport direct
avec la paroi latérale de l'utérus ; car il en est séparé par les gros vaisseaux et nerfs utérins. Le côté externe est libre et flottant dans les deux
tiers supérieurs, et se réunit en bas au péritoine qui de l'excavation pelvienne remonte vers les fosses iliaques pour se continuer, à
droite avec le méso-cœcum, à gauche, avec le méso-colon iliaque.

Les puissances formées par le péritoine pour fixer l'utérus, se con-
centrent toutes vers le sommet, de sorte que la base et le corps de cet
organe, simplement doublées par la séreuse, soumis aux moindres
impulsions, seraient d'une trop grande mobilité, s'il n'existait pas des
liens capables de maintenir cette base et ce corps en position élevée.

Des liens, quoique lâches et flottans remplissent cet office et s'appellent les *ligamens ronds*. Leurs fibres d'origine se confondent avec
celles du tissu utérin, elles s'agrègent sous forme de deux petits cordons plats, de la grosseur d'une plume, qui, des angles supérieurs
de cet organe, se dirigent, l'un à droite, l'autre à gauche, en haut et
en dehors vers l'anneau inguinal interne, franchissent le canal inguinal,
son orifice externe et vont s'épanouir par des digitations fibreuses
entrecroisées dans le tissu cellulaire du mont de Vénus et jusque
dans les grandes lèvres.

---

(1) Où il forme un cul-de-sac que Nuck a bien fait connaître.

Les deux autres expansions fibreuses que fournit le tissu utérin, n'ont plus de rapport avec la position du viscère, elles sont destinées à fixer les ovaires. Ce sont les *ligamens de l'ovaire*.

Anatomie de texture. — *De la tunique interne ou muqueuse.* — On a contesté pendant longtemps l'existence d'une membrane propre, spéciale, bien distincte du tissu de la matrice.

La disposition de cette tunique, comme on a pu le voir au Cours, ne doit plus laisser de doute dans l'esprit : elle se continue avec la membrane muqueuse du vagin, et envoie deux prolongemens pour former la tunique interne des trompes de Fallope.

On discute encore sur sa nature : mais, si avec soin on examine ses fonctions, on voit qu'elle est sujette au flux catarrhal, aux hémorragies, à l'instar des autres membranes muqueuses, on trouve à sa surface des polypes muqueux, enfin et surtout on rencontre vers le col des follicules muqueux. Ces glandes muqueuses se transforment par fois en globules hydatiformes que Naboth avait pris pour des œufs, et qui, en raison de cette erreur portent le nom d'*œufs de Naboth*.

Du tissu propre de l'utérus. — Dans l'état de vacuité de cet organe, la structure du tissu ou parenchyme utérin est difficile à déterminer : ce tissu paraît fibreux, dense, de couleur blanchâtre et d'une consistance molle vers le plan interne. De nombreux vaisseaux serpentent dans l'épaisseur des parois, et décrivent des sinuosités très marquées. Les artères utérines (Pl. I, L.), branches assez volumineuses et très flexueuses, naissent des artères hypogastriques ou iliaques internes, et se portent vers les parties latérales de la matrice pour se répandre dans l'organe en nombreux rameaux et ramuscules. Les veines utérines (Pl. I, s.) se continuent avec les artères par des communications très multipliées, elles sont aussi très flexueuses, n'ont pas de valvules, se réunissent sur les côtés de l'organe en deux gros troncs qui vont se jeter dans les veines iliaques internes. Les nerfs proviennent du trisplanchnique et des nerfs sacrés. La gestation met en évidence la structure de l'utérus, surtout pour la nature du tissu propre et la disposition des vaisseaux lymphatiques. Nous terminerons à cette époque l'histoire anatomique de cet organe.

ORGANES D'ACCOUPLEMENT OU DE SENSATION.

Du Vagin (vagina).
(Voy. Pl. I et II.)

Organe principal de la copulation, le vagin ou conduit *vulvo-utérin*, est un canal membraneux qui donne encore passage au fœtus, pendant le travail de l'accouchement.

Ce canal qui termine l'oviducte ou la trompe est cylindroïde, aplati, hors le temps de l'intromission du pénis, embrasse circulairement la base du col de l'utérus un peu plus haut en arrière qu'en avant et se termine à la vulve, au-dessous du méat urinaire, par une ouverture extérieure, fermée par la membrane hymen.

Ses dimensions, sa longueur sont très variables chez les femmes vierges qui n'ont souffert aucune violence vers le vagin. Ce canal est étroit, long de cinq à six pouces, large de deux travers de doigt environ, et moins extensible à ses deux extrémités qu'à la partie moyenne. L'hymen existe comme une bride membraneuse obturatrice, ayant la forme circulaire, ou d'un simple croissant et toujours percée d'un petit orifice irrégulier dans l'état normal, pour faciliter le libre écoulement des menstrues. Après la défloration, cette membrane flexible, qui est loin d'être le témoin ou la sentinelle vigilante de la virginité, se rompt, et il survient des débris membraneux au nombre de trois à cinq, que l'on nomme *caroncules myrtiformes*.

Plan externe du Vagin. — Le canal en avant, est en partie couvert par le péritoine et en rapport avec le bas fond de la vessie; cet adossement viscéral, dans l'intervalle duquel il n'existe que des lames cellulaires, forme la *cloison vésico-vaginale*. Les uretères longent les côtés du vagin. En arrière, le péritoine se prolonge dans ses deux tiers supérieurs, et le conduit est en rapport avec le rectum, le muscle releveur de l'anus, des vaisseaux et des nerfs, ainsi que le tissu adipeux sus-périnéal et intra-pelvien. Dans son tiers inférieur, le vagin s'adosse immédiatement au rectum, à l'aide de lamelles celluleuses. Cette juxta - position constitue la *cloison recto-vaginale.*

Plan interne. — La cavité du vagin est tapissée par une membrane muqueuse, de couleur rougeâtre, toujours en contact avec elle-même, hors le temps de la copulation, et enduite de mucosités plus ou moins abondantes. Sur les faces antérieure et postérieure, il règne souvent une ligne saillante interne, bifurquée chez certains sujets.

Ces éminences peuvent manquer. Les rides transversales du vagin sont très nombreuses et ressemblent assez bien aux valvules conniventes de l'intestin grêle dans la portion de l'iléon ; elles sont donc très irrégulières dans leurs contours et leur saillie : leur nombre augmente considérablement vers l'orifice externe de la vulve. Ce plissement de la membrane muqueuse permet au canal d'augmenter d'étendue et de largeur lorsque les circonstances l'exigent.

Anatomie de texture. — La tunique muqueuse, rougeâtre vers l'orifice externe du canal devient blanchâtre et tachetée de plaques grises, rouges ou blanches vers le col de l'utérus. Elle se continue directement avec la tunique muqueuse de la vulve, se prolonge aussi sur les lèvres du col utérin, et se dépouille de son épithélium au moment où elle franchit la fente du museau de tanche. Dans son épaisseur, elle renferme une grande quantité de follicules muqueux dont les orifices s'ouvrent vers le plan interne du canal. Une membrane fibreuse, dense, assez résistante, tapisse en dehors la tunique muqueuse et lui donne plus de force et de consistance. Cette membrane est un prolongement du tissu utérin, qui se confond en bas assez intimement avec l'urètre et le rectum.

Un tissu érectile de plus en plus abondant à mesure que l'on s'approche de l'orifice externe du vagin, où il forme les deux plexus rétiformes, se trouve logé dans l'intervalle des deux membranes muqueuse et fibro-cellulaire.

L'orifice externe du vagin est environné d'un anneau charnu, espèce de muscle, sphincter externe, appliqué sur les plexus rétiformes. Ces fibres musculaires constituent le muscle constricteur du vagin, s'insèrent en haut à la partie supérieure du clitoris, décrivent à droite et à gauche un arc de cercle et viennent se réunir pour se perdre avec les fibres des muscles sphincter de l'anus et transverse du périnée.

β. *Clitoris*. Κλειτορις.

(Voy. Pl. II, L.)

Organe principal d'excitation ou de volupté, très développé chez les femmes lascives et dans la première enfance, le clitoris représente la verge de l'homme.

Il occupe la partie supérieure du pudendum, se cache dans l'état de relâchement dans les replis de la membrane muqueuse vulvaire, ne dépasse pas les grandes lèvres, devient plus apparent dans l'état d'éréthisme vénérien et de son extrémité terminale, qui a la forme d'un gland, partent les deux petites lèvres de la vulve.

Anatomie de texture. — Le clitoris se divise en corps érectile ou caverneux supérieur et en corps spongieux terminal ou gland.

Le corps caverneux se bifurque à son origine pour s'implanter aux branches ischio-pubiennes. Cette double racine moins volumineuse, mais analogue aux racines de la verge, se réunit sous forme d'un corps érectile unique, divisé dans toute sa longueur par un septum médian membraneux, de sorte qu'il existe un clitoris droit et gauche, adossé et réuni sur la ligne médiane. Dans l'érection, ce tissu vasculaire spongieux peu abondant ne reçoit pas une quantité de sang assez forte pour lui permettre d'avoir une élongation, un volume et un changement de direction, aussi considérables que l'organe copulateur de l'homme.

Le gland est composé d'un tissu érectile bien distinct et du corps caverneux : ce tissu vasculeux aréolaire se continue avec les plexus rétiformes et le tissu spongieux des petites lèvres.

La membrane muqueuse de la vulve revêt cette extrémité arrondie conoïde, et lui forme un petit prépuce dans les plis duquel s'accumule une humeur muqueuse épaisse. Ce gland, juxta-posé sur le corps caverneux clitoridien, est complétement imperforé.

Le tissu cellulaire sous-muqueux, dont les mailles sont serrées, se condense à la partie supérieure du corps caverneux, et s'élève sous forme d'un petit ligament fibreux suspenseur et triangulaire jusqu'à la partie antérieure et moyenne de la symphyse du pubis où il s'implante.

Les racines du corps caverneux du clitoris sont chacune recouvertes par des fibres musculaires, réunies, agglomérées en petits faisceaux parallèles qui s'insèrent à la tubérosité de l'ischion par de petits tendons, et se terminent par des lames tendineuses au corps du clitoris. Ces faisceaux musculaires, appelés muscles ischio-clitoridiens, se développent en proportion de l'accroissement de cet organe, à l'égard duquel ils jouent le rôle des muscles ischio-caverneux.

γ. *De la Vulve (pudendum muliebre, vulva, cunnus, porcum).*

(Voy. Pl. 11.)

La vulve dans le langage ordinaire est la fente verticale que l'on rencontre entre les parties les plus saillantes des organes externes de la génération. Dans les traités modernes d'anatomie, c'est un nom collectif qui embrasse plusieurs objets trop distincts pour être confondus. La vulve, organe de protection, ne doit renfermer que les grandes et petites lèvres, le vestibule, la fourchette, la fosse naviculaire, l'hymen et ses débris, et le mont de Vénus.

Mont de Vénus (Pénil, motte). — Une éminence bombée, arrondie, s'élève à une hauteur variable au devant de la partie antérieure du pubis, au-dessus des grandes lèvres ; la peau qui la recouvre est garnie de poils à l'époque de la puberté. Le tissu adipeux forme la base essentielle de sa structure. On y trouve l'épanouissement des fibres du ligament rond.

Deux autres éminences allongées, variables pour le volume et la largeur, décrivent chacune une courbe horizontale plus ou moins prononcée depuis le mont de Vénus où se trouve leur *commissure ou réunion antérieure*, jusqu'à la fourchette où elles se terminent de nouveau par une *commissure* ou *jonction postérieure*. Ces deux saillies ou les *grandes lèvres* par leur juxta-position, forment une rainure, sorte de fente, susceptible d'écartement et appelée la fente vulvaire, qui s'étend depuis le pénil jusqu'au périnée. Dans la structure de ces lèvres, il entre beaucoup de tissu adipeux ; une peau fine, dans l'épaisseur de laquelle existe des follicules sébacés qui sécrètent un fluide d'une odeur *sui generis;* enfin, une membrane muqueuse qui tapisse leur face interne. Des poils assez rares ombragent la peau d'alentour, et s'étendent même sur ces saillies adipo - cutanées dans l'épaisseur desquelles le ligament rond de l'utérus projette des expansions fibreuses terminales.

Des petites lèvres ou *Nymphes.* — Deux replis membraneux, érectiles, naissent des parties latérales du prépuce du clitoris, se dirigent obliquement à droite et à gauche pour se terminer d'une manière insensible à la face interne des grandes lèvres au pourtour de l'orifice externe du vagin. Elles ont pour usage d'augmenter l'excitation dans l'orgasme vénérien, et ne dirigent pas l'écoulement des urines comme les Nymphes de la fable présidaient au cours des eaux.

Les petites lèvres sont en rapport en dedans, avec l'espace triangulaire, appelé vestibule, avec le méat urinaire, et l'orifice vulvaire du vagin : en dehors, elles sont contiguës aux grandes lèvres. Leur organisation résulte d'un repli muqueux, aplati dans le sens transversal, repli qui contient du tissu cellulaire et un tissu érectile dont la continuité avec celui du gland du clitoris, est évidente.

Les petites lèvres sont très développées dans les climats chauds, en Afrique, en Asie. Les Indigènes opèrent la résection de ce prolongement des nymphes pour entretenir la propreté des parties génitales. Péron a raconté que chez les Hottentots, ces petites lèvres étaient très longues et constituaient le *tablier* dont parlent les voyageurs ; mais il s'est trompé en ce que c'est une seule tribu d'Afrique, les *Bochismanes* qui ont le tablier, et comme elles viennent au Cap quelquefois, leur présence momentanée explique les narrations contradictoires. On voit, au Muséum, le tablier de la Vénus hottentote, dont l'histoire anatomique a été tracée par M. Cuvier.

La topographie de la vulve, d'après un simple examen, présente, d'avant en arrière, lorsque les grandes lèvres sont écartées :

1º Le *pénil* ou *mont de Vénus*, éminence ombragée de poils à la puberté.

2º La *commissure* antérieure des grandes lèvres.

3º Le *clitoris*, organe d'excitation, son gland, son prépuce.

4º Au gland du clitoris, l'origine des *nymphes*, ou *petites lèvres*.

5º Le *vestibule*, surface triangulaire, déprimée, bornée, sur ses parties latérales, par les nymphes, à son sommet, par le clitoris, à sa base, par le méat urinaire.

6º Le *méat urinaire*, ou l'orifice externe ou vulvaire du canal de l'urètre, éloigné d'un pouce environ du clitoris, et placé au centre d'une caroncule membraneuse.

7º L'*orifice externe* ou *vulvaire* du vagin, fermé par l'hymen ou garni de caroncules myrtiformes.

8º Entre le vagin et la fourchette, une dépression appelée *fosse naviculaire* :

9º Enfin la *commissure* postérieure des grandes lèvres ou la fourchette qui sépare la vulve du périnée. Une membrane muqueuse revêt toutes ces parties, et se prolonge dans le vagin et le canal de l'urètre.

La connaissance exacte des appareils génitaux humains nous permet d'établir un parallèle pour l'ordre symétrique de leur disposition générale.

TABLEAU COMPARATIF DES APPAREILS GÉNITAUX.

ORGANES DE L'HOMME.		ORGANES DE LA FEMME.
Le Testicule......................	répond	à l'Ovaire.
Le Conduit déférent...........	id.	à la Trompe de Fallope.
Les Vésicules séminales........	répondent.....	à l'Utérus.
Les Canaux éjaculateurs........	id.	au Vagin.
Les Corps caverneux...........	id.	au Corps clitoridien.
Le Gland.......................	répond.........	au Gland du clitoris.
Le Prépuce......................	id.	au Prépuce du clitoris.
Les Muscles ischio-caverneux.	représentent..	les Muscles ischio-clitoridiens.
Les Muscles bulbo-caverneux.	id.	le Muscle constricteur du vagin.
Le Tissu spongieux.............	répond.........	au Plexus rétiforme.
Les grandes et petites lèvres..	représentent..	les Bourses.

Un fait intéressant a dû frapper l'esprit dans le parallèle des organes de la génération. Quel rôle joue donc le canal de l'urètre, puisqu'il ne répond à aucune partie essentielle ou accessoire chez la femme, pour l'acte de la fécondation ?

L'Anatomie comparée nous démontre complétement qu'il ne s'unit à la verge de l'homme et des autres mammifères que d'une façon accidentelle ; et que son principal usage est de servir de canal excréteur aux urines (1).

---

(1) Ce rapprochement des organes de la génération mâle et femelle n'indique pas qu'ils ont une structure et un rôle parfaitement identiques. C'est une simple comparaison, digne d'intérêt, établie par le Professeur. Nul doute en effet, comme il le démontre, que la structure et le rôle de l'ovaire ne soient complétement différens de l'organisation et du jeu des testicules. Nul doute que la trompe de Fallope, canal brisé, interrompu à la manière de l'appareil excréteur des larmes en tant qu'interruption, ne diffère du canal continu nommé *déférent*. Nul doute, enfin, que la matrice n'ait un degré d'importance et un rôle supérieur à celui des vésicules séminales.

APPAREIL GÉNITAL FEMELLE ÉCLAIRÉ PAR L'ANATOMIE COMPARATIVE.

α. Organes de formation dans les mammifères ou vivipares.

L'*ovaire*, dans cette classe élevée du règne animal, offre une très grande ressemblance pour la forme et la structure, avec cet organe, chez la femme. Il se compose, en général, d'un tissu vasculo-spongieux, qui renferme un certain nombre de vésicules ou d'œufs. Dans les pachydermes, l'ovaire représente assez bien la forme d'une grappe composée de vésicules jaunes fécondées et d'autres vésicules transparentes, hydatiformes. — La civette a un ovaire sur lequel on remarque un grand nombre de bosselures qui répondent à des vésicules fort nombreuses agglomérées.

Les *trompes* sont constantes dans tous les mammifères, elles se terminent par un pavillon très évasé, sans laciniures, à la manière d'un infundibulum. Leur structure et leurs usages sont identiques aux trompes de Fallope.

L'existence de la *matrice* est problématique chez les monotrèmes. Cet organe est très variable pour la forme, le volume et le nombre.

1° *Utérus à une seule cavité avec col simple.* La matrice des singes est piriforme, elle rappelle exactement cet organe dans l'espèce humaine. Les édentés ont aussi un utérus simple. Dans le makimococo, le fond seul est bilobé en forme de croissant. C'est la transition entre l'utérus unique et cet organe bifide.

2° *Utérus à deux cavités et col simple.* — Tout animal femelle, carnassier, ruminant, pachyderme, cétacé, possède une matrice double. Chaque branche de la bifurcation, plus ou moins flexueuse, porte le nom de *Corne de l'utérus.*

Chat, lion, cougouard, ours, hyène. On voit bien, chez ces ani-

maux, la division de la matrice en deux cornes. La trompe se termine par une sorte de capuchon.

2° *Utérus à deux cavités et col bifide.* — Les rongeurs en présentent de nombreux exemples,

Lièvres, lapins. La bifurcation du corps et du col utérin est complète. Chaque col s'ouvre par un orifice propre dans le vagin. Il
y a donc deux cornes distinctes, et par conséquent deux matrices.

L'utérus se trouve ainsi séparé, bifide dans beaucoup d'animaux,
et il est évident que l'organe lui-même subit cette métamorphose,
puisque c'est dans les cornes utérines que les œufs viennent toujours se
greffer et se développer.

3° *Utérus unique,* ou *à une seule cavité,* avec col doublé.

Cette disposition, en triple cavité, plus curieuse encore que la
bifurcation de l'utérus, se trouve dans les marsupiaux.

Exemple : Le *kanguroo.* — La matrice se compose d'une cavité
commune intermédiaire, terminée en cul-de-sac, prolongée entre la
vessie et le rectum, et qui reçoit en haut l'embouchure des trompes
utérines. Sur ses parties latérales naissent deux canaux en forme
d'anses, et chacun va s'ouvrir par un orifice distinct dans le conduit
vaginal.

4°. *Utérus à quadruple cavités.* — Dans les sarigues, la conformation
de l'organe est plus compliquée encore. Le corps de l'utérus est bifide,
de même que le col, et il résulte de ces doubles divisions une cavité
quadruple.

Toutes ces modifications de forme, de volume, sont soumises de
même que la structure de la matrice, aux lois de la parturition.

L'utérus, chargé du produit de la conception, se développe en
proportion du volume de l'œuf qu'il renferme. Ce développement de
l'organe ou la grossesse est propre aux seuls mammifères, et fournit
le caractère essentiel de la viviparité. Lorsque l'utérus est unique,
il forme un renflement plus ou moins considérable. Il y a des alternatives de constriction et de renflement au parenchyme utérin, alors
évidemment musculaire, lorsqu'il existe plusieurs fœtus. Une corne

peut être vide, tandis que l'autre présente des dilatations qui répondent à des œufs.

L'utérus des marsupiaux, seul, demeure presque invariable durant la gestation. A peine les petits sont-ils formés, qu'ils se trouvent expulsés dans une poche qui doit les contenir jusqu'à leur entier développement.

Les *monotrèmes* (échidné, ornithorynque) forment une classe à part. Une seule ouverture porte au dehors la liqueur séminale et les matières fécales et urinaires, chez les mâles; ces deux parties excrémentitielles et l'œuf chez la femelle, sortent aussi par cette espèce de cloaque. Disposition qui établit une si grande analogie entre ces animaux et les ovipares. L'utérus manque donc complétement : il y a deux canaux qui, des ovaires, se rendent au cloaque. Ces canaux sont-ils les analogues des oviductes? Serait-ce une matrice bifide? Les contestations relatives à la génération de ces animaux sont encore très animées, quoique tout porte plutôt à croire qu'ils sont vivipares.

De ces faits, il découle plusieurs lois physiologiques très importantes.

Il existe un rapport nécessaire et déterminé entre le développement de l'utérus et le temps de la gestation. Plus le germe est susceptible d'acquérir d'amplitude, plus la matrice devient capable de s'agrandir sous de vastes dimensions pour le renfermer.

La forme de l'utérus est toujours subordonnée au nombre des petits.

Lorsque l'utérus est simple, comme dans la femme, il n'y a ordinairement qu'un seul petit bien qu'on ait des exemples de grossesses doubles, triples, quadruples, mais la matrice devient double, lorsqu'elle doit contenir beaucoup d'embryons, comme chez les chiens, les chats, etc.

L'épaisseur des parois est en rapport direct avec le degré de développement de l'utérus. Dans la femme, la matrice, en raison des développemens énormes qu'elle acquiert pendant la grossesse, a des parois très épaisses. Dans les marsupiaux, au contraire, le séjour très court du germe dans l'utérus n'exigeait que des parois minces.

Les petits naissent toujours dans un état plus complet de développement, suivant que l'utérus a des parois plus épaisses et peut se dilater davantage. L'extension de cet organe s'opère en vertu d'une force propre, inhérente à sa nature, de même que le germe a, de son côté, une puissance d'accroissement qui lui est spéciale. Cependant, ces deux forces se balancent, se mettent en équilibre par leur simultanéité de développement. Si l'utérus prend un volume énorme le germe répond à cette amplitude, et naît dans un état de formation complète, il est viable après la parturition. Si la matrice n'est pas susceptible de se développer, les petits naissent sous forme de simples germes à peine ébauchés par la nature.

β. *Organes de formation dans les ovipares.*

L'*ovaire* présente une structure tout-à-fait simple dans les oiseaux, les reptiles et les poissons.

Oiseaux. — L'ovaire est unique, situé sur la ligne médiane, au-devant de la colonne vertébrale, entre les deux reins. Il se compose d'une grande quantité d'œufs, variables en grosseur et pour la couleur; les uns sont blancs et petits, les autres jaunes et plus développés. Tous ces œufs, dont l'agrégation constitue l'ovaire sont unis les uns aux autres par une trame cellulaire assez lâche et sont enveloppés par des prolongemens du péritoine. Cette disposition pédiculée et vacillante des œufs, fait que les naturalistes lui imposent le nom de *grappe*. Il est de toute évidence, ici, que l'ovaire est le réceptacle des œufs.

Reptiles. — L'ovaire est double, et chaque organe est fixé de chaque côté du rachis par un prolongement du péritoine qui représente exactement un mésentère ovarien droit et gauche. Le bord libre de ce mésentère renferme les œufs qui sont agglomérés dans l'abdomen, quoique distincts les uns des autres par un intervalle sensible. Ces espaces membraneux et ces œufs que l'on peut voir placés les uns à la suite des autres, représentent assez bien la forme d'un chapelet. La disposition en chapelet est très visible et très belle dans le serpent, le lézard et la tortue.

Chez les *batraciens*, la forme change et l'ovaire rappelle assez exactement celui des oiseaux. Cependant, ils ont un ovaire double, situé d'une manière symétrique sur les deux côtés de la colonne épinière. Ces organes représentent deux grappes composées d'un nombre infini de petits ovules gélatiniformes avec un point anguleux, médian, de couleur foncée, jaune et brune.

POISSONS. — Ils offrent plusieurs cas différens.

Poissons osseux ordinaires. — L'ovaire constitue deux sacs assez semblables à la laitance des mâles. Une membrane commune d'enveloppe, envoit des prolongemens à l'intérieur de ces sacs génitaux. Ils sont situés sur les deux côtés de la colonne vertébrale. Le nombre des œufs est infini. — Exemple : La *perche* ne possède qu'un ovaire développé, l'autre s'atrophie : celui qui subsiste prend des dimensions énormes à l'époque du frai. Une enveloppe commune pénètre par des prolongemens dans l'intérieur de l'organe qu'elle divise en petites loges destinées à contenir les œufs.

Poissons cartilagineux à branchies fixes (sélaciens). — L'ovaire est formé par une poche qui renferme des œufs très différens les uns des autres. La membrane capsulaire de cette poche se compose d'un tissu dense, corné.

Chez tous les poissons osseux ovipares, il n'y a ni fécondation intérieure, ni accouplement, le mâle arrose de sa liqueur les œufs qu'il rencontre déposés par la femelle.

Il y a des exemples d'accouplement chez les *blennies* et les *anableps*, etc. L'ovaire se compose, dans cette classe, d'une poche membraneuse, divisée à l'intérieur par des aréoles formées des prolongemens de la membrane d'enveloppe : les œufs sont logés dans ces aréoles. La fécondation est toujours préalable à la ponte, les petits éclosent dans l'ovaire. C'est encore un exemple frappant en faveur de l'opinion que nous établirons plus tard et qui admet la fécondation normale dans l'ovaire. Il est bien évident que chez l'anableps, par exemple, la fécondation s'opère dans l'ovaire, puisqu'on y trouve constamment le petit développé. La nature dévoile, par ce phénomène naturel et régulier, un des points mystérieux de l'acte de la fécondation.

γ. *Trompes utérines.*

OISEAUX. — On trouve, en général, un seul oviducte, lorsqu'il existe un seul ovaire. Le conduit s'étend de l'ovaire au cloaque, en raison de l'absence du vagin, il est sinueux et flexueux dans son trajet, soutenu par un repli du péritoine. Les parois de ce canal se composent d'une enveloppe péritonale externe, d'une tunique musculeuse moyenne et d'une membrane muqueuse interne sillonnée longitudinalement par des rides qui s'effacent lors du séjour de l'ovule fécondé. L'oviducte commence par un orifice évasé qui répond au pavillon frangé des mammifères, il se termine au cloaque en augmentant de plus en plus en épaisseur. C'est dans l'oviducte que l'œuf se revêt du blanc et de la coquille.

REPTILES. — Les deux ovaires entraînent nécessairement l'existence de deux oviductes. Ce sont deux conduits membraneux situés sur les côtés du rachis, soutenus par des ailerons péritonéaux : leur origine ovarienne est évasée et ils se terminent au cloaque.

Lézard. — Oviducte très court, sinuosités peu sensibles.

Batraciens. — Le conduit est fortement sinueux.

POISSONS. — Ils offrent des différences plus tranchées.

Dans les poissons osseux, les oviductes se bornent à un petit conduit qui va de l'ovaire à un cloaque et peut-être même doit-on considérer l'ovaire comme se continuant directement avec le cloaque, de sorte que l'oviducte est confondu avec l'ovaire.

Tous les poissons vivipares ont ce conduit très court, très petit (blennies, anableps).

On n'a pas encore vu d'oviducte chez les anguilles, on ignore même leur mode de génération.

Les poissons cartilagineux se divisent en deux genres : 1° Les uns pondent des œufs appelés *coussinets* ou *souris de mer.*

Dans les raies, les squales, l'oviducte est très développé. L'ovaire de ces poissons, assez semblable à celui des oiseaux, contient des œufs variables pour la grosseur et la couleur. Une autre analogie se trouve encore, en ce que, à leur passage dans l'oviducte, les œufs se revêtent d'une enveloppe cornée, crétacée. La glande sécrétrice de la coquille ajoutée à l'œuf est très visible.

2° Certains poissons sélaciens produisent leurs petits vivans. Dans les requins, les petits éclosent dans le ventre de la mère, et sont rendus vivans hors des voies génitales.

Telle est, dans les vertébrés, l'histoire de l'organe de formation du germe ou de l'œuf, et du conduit de l'œuf nommé oviducte. Ce sont les seules parties essentielles dans les femelles.

ARTICLE IV.

ORGANES D'ACCOUPLEMENT.

Les parties essentielles de l'accouplement sont le *vagin*, et le *clitoris* pour la sensation ; tout le reste est accessoire et peut manquer. L'absence du mont de Vénus, des nymphes, ces prolongemens de l'organe excitateur, des grandes lèvres qui dégénèrent par fois en un vaste bourrelet vaginal est très fréquente dans le règne animal.

Le *pénil* en rapport avec l'accouplement abdominal n'existe plus lorsque la copulation est tergale.

Le *clitoris* subsiste plus longtemps que le *vagin* ; en effet les monotrèmes n'ont pas de vagin spécial, c'est le cloaque qui le remplace. Tous les ovipares (oiseaux, reptiles, poissons) manquent tout-à-fait de conduit vulvo-utérin, leur cloaque en tient lieu : tandis que le clitoris existe dans plusieurs ovipares.

L'organe excitateur se trouve dans tous les mammifères, il varie beaucoup par sa forme et son volume, il est surtout très développé dans les singes, les carnassiers et les rongeurs.

Les rapports entre le clitoris et le pénis sont très curieux à établir. La femelle des sarigues a un clitoris bifurqué, on sait que le mâle a le gland bilobé. Les chats, l'ours, le lion, femelles, ont le clitoris bifide, et il renferme un os ; on sait encore que les mâles ont un os dans leur verge. Dans la plupart des cas où le pénis renferme un os, on peut affirmer que le clitoris en possède. Quelle singulière analogie entre ces deux organes !

Poursuivons le parallèle. Si le pénis sert à l'accouplement, il conduit aussi quelquefois l'urine et la semence séminale. On se rappelle ce sillon dorsal, qui sert de conduit vecteur au sperme et à l'urine, chez l'autruche, et dans *certains quadrumanes* ; on retrouve dans le sexe femelle une organisation semblable. Le clitoris de plusieurs singes est sillonné et facilite la sortie du liquide urinaire. Ce sillon se convertit en un véritable canal dans les *makis* et les *loris*. Ce conduit complet laisse passer l'urine à travers le clitoris. L'analogie d'identité du clitoris avec la verge ne saurait être douteuse, ils ont tous deux, même insertion, varient ensemble et de la même manière, tous deux, ils sont les organes excitateurs, et ce qui est vraiment curieux, c'est le rôle qu'ils jouent de canal excrétoire dans certaines circonstances.

La *Vulve*. — On y trouve l'orifice externe du vagin chez la femme, et la membrane hymen en marque l'entrée ; ce diaphragme membraneux manque dans beaucoup de mammifères, et le vagin forme un cercle rétréci, étranglé, et offre à peine un léger repli dans les rongeurs, les carnassiers, les ruminans. Cependant l'hyène (parmi les carnivores), le daman (parmi les ruminans) et la plupart des singes ont un repli membraneux, presque complet à l'orifice vaginal. L'hymen n'est donc pas un caractère spécial et unique au vagin de la femme, comme on l'avait avancé.

ARTICLE V.

APPAREIL GÉNITAL CONSIDÉRÉ CHEZ LES ANIMAUX INVERTÉBRÉS.

La formation d'un nouvel être nécessite le concours des deux sexes ;

dans les animaux vertébrés. Il en résulte que le mâle et la femelle ont
un appareil génital distinct et toujours en rapport avec le rôle que
chacun joue dans le grand acte de la génération. Dans les animaux invertébrés, les deux sexes se trouvent très souvent réunis.

Dans les MOLLUSQUES, cet appareil de création des êtres animés ,
présente quatre combinaisons diverses :

1° *Sexes séparés* mâle et femelle , de sorte que leur coopération
mutuelle est nécessaire pour donner naissance à un nouvel individu.
Il y a copulation.

2° *Sexes séparés* , la coopération mutuelle est encore nécessaire ,
seulement , la femelle pond les œufs et le mâle les arrose de sa liqueur , comme chez les poissons.

3° *Sexes réunis* , l'hermaphrodisme étant incomplet , chaque animal possède les organes génitaux mâle et femelle et ne peut se féconder
lui-même ; toujours il a besoin du concours d'un autre individu semblable à lui par son organisation. Il en résulte que, dans une seule copulation chaque animal peut féconder et être fécondé.

4° *Sexes réunis.* L'hermaphrodisme étant complet ; chaque individu porte les deux sexes et peut se féconder sans le secours d'un autre animal. C'est un spectacle curieux de voir dans une seule classe
d'animaux répartis tous les divers modes de génération.

Mollusques gastéropodes (buccins , limaces , etc.). — Ces mollusques présentent plusieurs combinaisons différentes :

1° *Buccins.* — Les sexes sont séparés, et il y a accouplement. Le
pénis est situé au-devant du col , il est très long. Il existe un testicule placé entre les deux lobes du foie et un conduit spermatique.
La femelle possède un ovaire situé comme la glande séminale et un
oviducte.

2° *Limace.* — Quoique les sexes soient réunis , la fécondation ne
saurait avoir lieu sans le concours de deux individus. Les organes
mâles sont le testicule, le conduit séminifère, la vésicule séminale et le
pénis. — L'ovaire, l'oviducte forment l'appareil femelle. L'accouplement est double chez la limace. C'est un hermaphrodisme incomplet.

La verge peut sortir et rentrer, et il y a une arrête au milieu qui est destinée à la soutenir dans l'érection.

La vessie à long col du mâle enduit les œufs à mesure qu'ils se fécondent.

Mollusques céphalopodes. — Les deux sexes sont séparés et la fécondation s'opère sans accouplement, de même que dans la plupart des poissons. Tel est le cas de la seiche, du calmar, du poulpe, etc.; etc.

Appareil génital mâle du *poulpe*. Cet appareil se compose de deux testicules, de deux canaux spermatiques avec des vésicules séminales, d'un pénis et d'une prostate.

La texture du testicule est analogue à celle des vertébrés. C'est une glande molasse, jaune, constituée par un grand nombre de vaisseaux seminifères, qui deviennent assez nombreux au-dessus de l'organe pour former un rudiment d'épididyme. A peine sorti de l'organe, le conduit déférent devient peu sinueux, concourt par sa dilatation à former la vésicule séminale et se rend dans la verge. Cette verge, à sa base, porte une glande, simple vestige encore persistant de la prostate. Les glandes séminales sont enveloppées par une membrane capsulaire.

La poche ou les vésicules séminales contiennent le frai. Ces ampoules vésiculaires sont gorgées d'un liquide, au milieu duquel flottent des *tubes* à ressort. On nomme ainsi, des tubes allongés, fusiformes, membraneux, sans adhérences aux parois de la cavité, qui apparaissent en abondance à l'époque du frai. Tant qu'ils flottent dans la liqueur, ces tubes restent immobiles; à peine les plonge-t-on dans l'eau que de suite, ils s'agitent en tous sens, se rompent et lancent par une extrémité un liquide opaque; c'est le fluide séminale. Ces tuyaux élastiques représentent le pollen des végétaux, liqueur fécondante, qui ne s'écoule aussi que par une rupture pour se porter sur les œufs qu'elle doit couvrir et féconder. Dans les animaux vertébrés, nous n'avons pas vu un si haut degré de complication dans la liqueur; et les tubes à ressort des céphalopodes, méritent toute notre admiration.

L'appareil génital femelle du *poulpe* , se compose de deux ovaires, de deux oviductes , qui se rendent dans une ouverture près de l'anus.

La capsule ou l'enveloppe de l'ovaire, par sa face interne donne naissance à une infinité de petits prolongemens qui se ramifient à la manière des branches d'un arbre. Leur quantité prodigieuse forme une touffe qui renferme des œufs.

Les oviductes présentent vers le tiers supérieur de leur trajet un renflement de chaque côté , sous forme d'une nodosité. Ce nœud est une glande , disséminée dans les oiseaux , réunie dans les squales. Cette glande conglomérée , existe pour secréter une matière visqueuse, par fois crétacée, qui réunit les œufs sous forme de grappe.

Cette organisation des mollusques céphalopodes se rapproche beaucoup de l'appareil génital des animaux vertébrés.

Mollusques acéphales. — Ils nous offrent l'exemple d'un hermaphrodisme complet. La structure des organes génitaux se simplifie. Exemple :

Moule, huître. L'ovaire, seul organe bien developpé de la génération des acéphales, est situé au-dessous de la peau. Il forme un grand sac , comme dans les poissons osseux ovipares. Ce sac est fermé par une membrane à prolongemens intérieurs. A l'époque du frai, il y a une liqueur spermatique qui est sécrétée par les parois du sac, pour féconder les œufs. Ces œufs éclosent souvent en se portant entre les feuillets branchiaux.

VERS A SANG ROUGE. ANNÉLIDES. -- Exemple : sangsue, etc.

Les sexes sont séparés ou réunis, et comme leurs combinaisons sont à peu près pareilles à celles des mollusques, elles ne sauraient jeter de nouvelles lumières sur l'anatomie comparée.

CRUSTACÉS. — Les organes externes de la génération deviennent doubles dans le plus grand nombre de ces animaux : ils ont deux pénis, deux vulves, etc., etc. Quelques-uns n'ont qu'un testicule, un seul ovaire en compensation. Les sexes sont séparés. L'appareil génital de l'écrevisse se compose d'un testicule divisé en six lobes, de deux pénis apparens derrière la cinquième paire de pattes, de deux vulves, d'un ovaire divisé en trois grappes ou boyaux remplis d'œufs, et de deux oviductes.

INSECTES. Les deux sexes sont séparés. Les organes internes sont doubles, tandis que les externes sont simples.

Les organes du mâle sont : le pénis et son étui corné, les conduits spermatiques qui se rendent à la verge, des testicules multiloculaires, et des vésicules séminales.

Deux ovaires doubles, longs boyaux qui renferment des œufs, deux oviductes réunis en un seul canal inférieur et la vulve, tels sont les organes femelles. Exemple : les scarabées.

Hanneton. — La verge du hanneton a de plus des appendices en forme de crochets, destinés à écarter les lèvres de la vulve pour faciliter l'introduction du pénis.

Les arachnides présentent des organes externes doubles comme les crustacés.

ZOOPHITES ou vers intestinaux cavitaires. — *Vers intestinaux*, tels que les hydatides, la douve du foie, etc., etc. — Ce sont les seuls parmi les zoophites qui aient les sexes séparés : toutefois leur organisation est très simple.

Tous les autres rayonnés sont hermaphrodites et ovipares ; les derniers principalement gemmipares.

L'appareil génital se réduit à un ovaire, espèce de sac membraneux, de forme stellaire dans les *astéries* ou étoiles de mer, en grappes dans les *oursins*, et toujours très développé à l'époque du frai. Ces échynodermes, surtout l'oursin, possèdent un grand nombre d'œufs rougeâtres, bons à manger. — Les parois du sac ovarien sécrètent une liqueur trouble qui est le sperme.

Polypes. — Quelques-uns présentent les premiers vestiges des ovaires. Ils sont ovipares et hermaphrodites.

Polypes à bras. — Au dernier degré de l'échelle, l'appareil génital paraît manquer plus ou moins complétement pour donner naissance à un nouveau mode de génération, la *génération gemmipare*, ou par des espèces de bourgeons qui se développent sur certaines parties de

l'animal. De là, il n'y a qu'un pas à la génération par sections ou bou-
tures. Trembley est le premier qui ait démontré l'existence de cette
génération fissipare dans les animaux. Il a prouvé qu'un polype divisé
en plusieurs parties donnait naissance à autant d'animaux de nouvelle
formation qu'il y avait de divisions du polype. On trouve encore bien
des exemples de cette faculté de reproduction. Certains vers d'eau
décapités, reproduisent une autre extrémité céphalique. La bouche
de la limace, enlevée par la section, repousse : on a été jusqu'à admettre que son cerveau renaissait aussi, mais la position difficile à
trouver de ce viscère rend cette expérience fort douteuse. Les prolongemens qui supportent les yeux des limaces, vulgairement appelés cornes, se sont reproduits après avoir été coupés. On retrouve
encore cette faculté de reproduction dans la salamandre, qui voit
renaître ses pattes avec la même structure jusqu'à vingt-cinq à trente
fois. Il en est de même pour les nageoires de certains poissons, et de
la queue des lézards.

DE LA FÉCONDATION.

Le testicule et l'ovaire, organes sécréteurs du sperme et de l'œuf,
invariables pour l'existence, dans toute la série des êtres organisés,
réunis dans les hermaphrodites, plus souvent séparés et formant l'a-
panage de deux individus différens, peuvent être, à juste titre, considérés comme deux centres, autour desquels viennent se grouper une
foule de parties accessoires pour mettre en contact leurs produits de
sécrétion. Tout l'artifice employé par la nature se réduit, en effet,
comme une étude analytique et sévère des nombreux rouages organiques des appareils génitaux le démontre, à favoriser l'action
réciproque de la liqueur séminale et de l'œuf : action appelée *fécondation*, et indispensable au développement du germe.

L'histoire si vaste et si ténébreuse de la fécondaion, phénomène sur
lequel repose les bases de l'existence des êtres organisés, exige, pour
être complète, et d'une facile intellection, un ordre rigoureux dans

son exposition. Cet ordre consiste à bien déterminer : 1° La nature ou l'essence intime de la fécondation ; 2° le lieu où elle s'opère ; 3° les changemens qui surviennent dans les organes femelles, lorsque cet acte vital est accompli.

Dans l'espèce humaine et les mammifères en général, le rôle du mâle ne saurait être douteux, il fournit par la copulation, une liqueur particulière, indispensable à la fécondation, appelée *sperme*, *liqueur prolifique*, *séminale*, et dont nous allons faire connaître la composition.

Le *sperme*, liqueur sécrétée par les testicules, est toujours mélangé avec les fluides prostatiques, lorsqu'il sort par éjaculation, et n'existe à l'état de pureté que dans les glandes séminales.

Examiné lorsqu'il a franchi les voies génitales excrétoires, il se présente sous forme d'un liquide incolore, composé de deux parties; l'une épaisse, fécondante, l'autre plus limpide qui sert de véhicule à la première. Il répand une odeur spermatique ou *sui generis*. Mélangé avec les sucs prostatiques, l'illustre chimiste Vauquelin le trouve composé de neuf cents parties d'eau, de soixante parties d'un mucilage extractif d'une nature particulière, de dix de soude, de trente de phosphate de chaux, et de quelques traces d'hydrochlorate et peut-être de nitrate de chaux. John admet aussi le mucus animal, et de plus une albumine modifiée, une matière odorante volatile et plusieurs sels. Des recherches ont fait voir que ce mucus animal était un produit immédiat qui avait pour principal caractère de se gonfler dans l'eau, au lieu de se dissoudre, lorsqu'on faisait l'expérience avec du sperme à l'état de pureté pris dans le testicule. Ce mucus, nommé *spermatine*, se dissout au contraire dans l'eau, lorsqu'il est sorti par éjaculation.

Leuwenhoeck a découvert de plus dans le sperme des animalcules qui ont une faculté locomotrice très énergique. Leur corps commence par un renflement appelé *tête*, et se termine par une autre extrémité allongée qui porte le nom de *queue* de l'animalcule. La conformation générale et le volume de ces petits êtres varient suivant les espèces. Leur existence est incontestable, quoique leur rôle soit très obscur. Certains auteurs les considèrent comme le véritable instrument de la

fécondation, et admettent que l'animalcule est le nouvel être tout formé
à l'état rudimentaire. Les faits, en faveur de cette hypothèse, seraient
que les animalcules spermatiques ne se trouvent que dans les individus
féconds ; qu'il n'en existe pas dans certaines espèces, hors la saison du
rut ; que les mulets, animaux inféconds, ne possèdent pas d'animalcules, enfin que les caractères de la puberté du sexe mâle s'annoncent
par leur présence dans le sperme. Tous ces faits, preuves négatives
de la transformation de l'animalcule en être vivant qui se développe,
ne prouvent point le rôle utile, nécessaire, indispensable des animalcules pour déterminer le phénomène de la fécondation. D'ailleurs Spallanzani a démontré, depuis longtemps, par de belles expériences, que les animalcules sont inutiles à la fécondation. De tous ces
faits, on pourrait donc déduire cette conséquence que la présence des
animalcules constitue seulement les conditions de vitalité du sperme.

La perte de la liqueur séminale par ablation de l'organe sécréteur produit la stérilité, et imprime dans toute l'économie les modifications les plus profondes. On connaît les effets de polysarcie
déterminés par la castration des animaux destinés au service de nos
tables, et ce qui est ignoble à dire, le bouleversement dans l'organisation des hommes soumis à cette opération, coûtume barbare et
féroce encore en vigueur au XIXᵉ siècle et en Europe! Le larynx de
l'eunuque est peu développé, et le timbre de sa voix est faible, puéril
ou féminin ; les poils n'ombragent pas son corps ; le système locomo-
teur ne produit plus de mouvemens vigoureux ; l'intelligence est dé-
bile et vacillante, jamais elle n'acquiert des caractères de force et
de virilité. L'expérimentation prouve encore que les mouvemens
vitaux successifs, qui, chaque année, font tomber et renaître les bois
du cerf, se trouvent complétement enrayés par la castration.

L'organisation mâle ébranlée jusque dans ses bases, frappée d'impuissance par la perte du fluide séminal, est le plus beau témoignage en faveur de l'action énergique du sperme, sur la composition
des appareils organiques, et en particulier dans la production de
l'acte vital indispensable à la création des êtres animés. Le rôle, si

bien déterminé relativement à cet acte vital pour le mâle qui féconde
à l'aide du sperme devient conjectural dans son essence intime chez
les femelles des mammifères, qui *conçoivent* suivant l'expression
adoptée. Ici tout est objet de controverse, et le mode de production
de l'œuf et l'impulsion qui lui est communiquée dans la fécondation.

Si la conception se présente sous forme mystérieuse, et se dérobe
à des investigations positives dans l'homme et les mammifères, elle se
dépouille de son appareil imposant, impénétrable de phénomènes
dans les fécondations extérieures; elle se montre à nu, pour ainsi
dire, dans les batraciens, les poissons osseux ovipares, les mollusques
céphalopodes. L'expérience toute faite par la nature dans ces espèces
animales nous prouve que, l'arrosement des œufs par le sperme est
la condition première, capitale, constitue l'essence intime de la fécondation. Ce contact entre la liqueur du mâle et l'œuf de la femelle
a été mis hors de doute par Spallanzani, dans ses fécondations artificielles sur les batraciens.

La difficulté de concevoir l'arrivée du sperme jusqu'à l'ovaire
dans les mammifères avait fait admettre un fluide subtil, impondérable, un *aura seminalis* qui seul venait imprimer à l'ovule, renfermé dans l'ovaire, l'impulsion fécondante. Depuis les belles
recherches de Spallanzani, il n'est plus besoin de recourir à l'aura
seminalis, et il demeure certain que la fécondation résulte du contact matériel du sperme avec l'ovule.

Des expériences nombreuses ont été faites dans l'intention de découvrir les voies parcourues par le sperme durant la copulation.
Galien et ses disciples croyaient que la liqueur séminale était portée
dans la matrice. Harvey, dans ses belles recherches sur la génération des biches, des lapines et des chiennes, assure qu'il n'a jamais
observé de sperme dans l'utérus après la fécondation. Haller a presque toujours rencontré la liqueur prolifique déposée sur les parois
vaginales, et quelquefois seulement dans l'organe de gestation. Il cite
une expérience, dans laquelle une brebis sacrifiée quarante cinq
minutes après le coït, avait du sperme dans son utérus. Ruysch avait

constamment trouvé la liqueur spermatique dans l'utérus, mais
on a révoqué en doute le témoignage de cet illustre anatomiste, l'ac-
cusant d'avoir pris des mucosités pour du sperme. Une époque arriva
où tombèrent en oubli ces grandes expériences. Un homme célèbre
admit l'*aura seminalis*.

La physiologie expérimentale a redressé l'erreur de Graaf, ce
grand homme, en faveur duquel la raison chancellerait lorsqu'on étu-
die avec soin son ouvrage, si le fait matériel ne venait la redresser.
Spallanzani combattit avec les armes, non pas de l'intelligence seule,
mais soutenues et appuyées sur des faits que l'aura seminalis, admis par de Graaf, était incapable de féconder des œufs; que le
contact immédiat du sperme et de l'ovule était indispensable à la
conception. Dans ses nombreuses fécondations artificielles, sur les
batraciens, les chiennes, il parvint à démontrer que le fluide séminal, privé d'animalcules spermatiques et dissous dans une grande
quantité de véhicule aqueux, était susceptible d'imprimer aux œufs
une action fécondante. Le sperme serait donc impropre à la fécondation dans certaines circonstances parce qu'il se trouverait dans des
conditions imparfaites qui ne lui permettraient pas d'avoir d'animalcules spermatiques, et d'autre part la liqueur filtrée et séparée
de ces êtres corpusculaires n'en renfermerait pas moins toutes les
qualités requises pour opérer la fécondation.

Le contact matériel du sperme sur l'œuf constitue donc l'essence
du phénomène vital, produit par le jeu des organes sexuels, et si
les anciens ont entrevu le lieu de la conception à l'ovaire, il nous
reste à dissiper tous les doutes que l'on pourrait avoir sur ce champ
d'action circonscrit, déterminé, toujours le même.

Les vivisections sur les animaux ont démontré que le sperme
s'arrête dans le vagin, ou traverse le col de l'utérus après la copulation. On a suivi ses traces jusque dans la trompe, mais personne
ne l'a rencontré sur l'ovaire en contact avec l'ovule; cependant
la fécondation est toute ovarienne, et voici les faits qui le prouvent : 1º Il n'est pas très rare de trouver dans l'ovaire des mâchoires,

des dents, des cheveux, débris de fœtus, et même des embryons complétement formés. Ce fait prouve évidemment la fécondation ovarienne. 2° Les grossesses tubales ou tubaires ne sauraient être contes-
tées. Or, le développement du fœtus dans un point éloigné de la matrice, prouve évidemment que la semence passe outre cet organe.
3° Ces ovules erratiques, fécondés, qui tombent dans la cavité péritonéale servent encore de preuve pour montrer l'action spermatique
au-delà de l'utérus. Dans ces grossesses extra-utérines, l'embryon se
développe et son placenta se greffe sur le foie, la vessie, le rectum où
les intestins, comme Duverney et Littré, etc. en citent des exemples ;
tantôt le fœtus reste enkysté dans la cavité du péritoine; tantôt parvenu à un certain degré de développement il se putréfie, irrite, en-
flamme et détermine une suppuration éliminatoire qui chasse ce corps
étranger, soit par le rectum, soit par la vessie, soit encore sur un
des points des parois abdominales. 4° Dans les oiseaux, et surtout
chez les poules, animaux domestiques faciles à observer, il est évident que les œufs sont contenus et fécondés dans l'ovaire ou la grappe.
Si l'impulsion fécondante se passait dans la trompe, il n'y aurait qu'un
œuf imprégné de liqueur, tandis qu'après un simple approchement
sexuel du coq et de la poule, beaucoup d'œufs sortent successivement par l'oviducte, ayant toutes les propriétés imprimées par l'action
du mâle : car, soumis à l'incubation ils renferment des jeunes pou-
lets(1). 5° Enfin, la nature présente l'expérience toute faite et sans
réplique dans certains poissons ovovivipares, tels que les blennies,
l'anableps : non seulement la fécondation s'opère dans l'ovaire, mais
encore l'œuf n'est expulsé de cet organe qu'après l'entier développement du petit et lorsqu'il est viable.

(1) La poule cochée une seule fois par un coq, et dont l'ovaire renferme beaucoup d'œufs fécondés, servait d'argument à de Graaf pour démontrer l'existence de l'*aura seminalis*, dans
l'impossibilité où il était de comprendre, soit par le court espace de temps de l'accouplement
de ces animaux, soit par la petite quantité de sperme éjaculé, le grand nombre d'œufs im-
prégnés ; les parcelles de sperme employées par Spallanzani dans les fécondations artificielles ré-
futent victorieusement cette assertion.

Tous ces faits militent en faveur de la fécondation ovarienne et détruisent aussi la supposition gratuite du détachement de l'œuf de
l'ovaire qui viendrait de son côté à la cavité utérine pour être fécondé
par le sperme, durant la copulation. Les derniers exemples sont fort
concluans, puisque l'on trouve le petit tout formé dans l'ovaire;
mais, les ovipares s'éloignent trop de notre espèce, et pour ce motif
des expériences ont été faites directement sur les mammifères. Si
l'on extirpe les ovaires ou les trompes à des chiennes et à des brebis,
ces femelles deviennent stériles. Une simple ligature à la trompe
suffit pour déterminer des grossesses tubaires artificielles. En résumé,
soit par le raisonnement, soit par les recherches expérimentales ou
les faits directs, naturels, le passage du sperme dans la trompe et le
siége de la fécondation dans l'ovaire, me paraissent deux vérités incontestables.

La fécondation est opérée, une nouvelle organisation commence;
du côté de la mère, les organes génitaux éprouvent des modifications
puissantes; du côté du petit, une nouvelle ou plutôt un commencement d'existence apparaît.

Ce passage de l'état d'inertie à l'état d'activité, de vie, a fait naître
pour son explication une foule de théories qui se réduisent à deux
principales : l'une, nommée *théorie* de *l'évolution*, admet la préexistence du germe qui se trouve simplement stimulé, excité dans la
fécondation, afin de pouvoir parcourir toutes les phases de son développement; l'autre théorie dite de *l'épigenèse*, soutient que le germe
se forme de toutes pièces, et que la fécondation imprime le mouvement indispensable à l'agrégation de toutes les parties constituantes
du corps.

Avant de pénétrer dans le dédale des opinions si variées et parfois
si ingénieuses des auteurs, il est bon de s'assurer d'un guide capable
d'arrêter l'esprit, toujours prêt à franchir les limites des faits. Ce
guide fidèle réside dans l'intelligence de l'acception des termes,
et la raison qui ne doit rien admettre de démontré, sans preuves
évidentes.

Toutes les difficultés dans la théorie se réduisent à déterminer le mode de formation du germe; car les faits sont incontestables en faveur de la préexistence de l'œuf avant toute fécondation. Lorsqu'il n'y a pas d'accouplement, l'œuf est déposé, pondu, formé, comme on le voit dans les poissons osseux ovipares, les mollusques céphalopodes et les batraciens. Cet œuf est évidemment complet, en tant qu'œuf, et doit être fécondé sur la plage, ou dans les profondeurs des eaux, par le mâle, qui projette sa liqueur séminale quand il les rencontre, ou lorsqu'il les attend à leur sortie des organes femelles. L'expérimentation démontre encore la préexistence de l'œuf d'une manière directe : ouvrez un batracien, une poule vierge, et vous trouverez des œufs complétement formés, et de plus l'œuf des gallinacés pondu avant toute fécondation, ne présentera aucune différence sensible avec les œufs fécondés. Le nombre, les qualités physiques des liqueurs des membranes qui les renferment, et même la cicatricule, se trouveront complétement identiques dans l'une et l'autre circonstances.

La préexistence de l'œuf ne peut offrir de doute même chez les mammifères; car les ovules existent, se forment et sont faciles à constater chez les femelles vierges de ces classes animales.

L'œuf préexiste donc à toute fécondation; en est-il de même du germe? Le mystère tout entier de la fonction de formation primitive des êtres organisés réside dans cette préexistence. Une fois le germe formé, les difficultés s'aplanissent, un faisceau de lumières environne ces vestiges primordiales, animées, vivantes, et l'observateur voit se dérouler devant ses yeux le merveilleux spectacle des phases de développement des tissus élémentaires qui s'agrégent en organes, en appareils, il assiste, en d'autres termes, aux premières bases de l'existence posées par la nature. Mais le passage de la matière brute, amorphe, inerte, au germe animé, plein de vie, échappe encore à nos investigations. Une fois ce fait inconnu, ce passage démontré conjectural, combien les théories seront conjecturales plus encore!

(95)

De l'Épigénèse.

Les sectateurs de la théorie de l'épigénèse se partagent en deux classes : les uns veulent que le germe se forme de toutes pièces, et ils ont recours, dans leur explication, au fluide magnétique, à la cristallisation ou à l'aimantation. Les autres considèrent la formation et le développement du germe comme le résultat d'une agglomération de parties déjà existantes sous forme de molécules organiques.

Hypothèse de la cristallisation. — Le transport d'un mot clair, bien déterminé dans une science ne dissipe pas l'obscurité des phénomènes d'une autre science, car un mot n'éclaire pas un phénomène ; et trop souvent cette extension abusive des termes, est un sophisme derrière lequel se cache l'ignorance. Dans la nature inorganique, le mot de cristallisation n'est pas un mot vide de sens, il frappe de suite l'esprit, qui a constaté l'agrégation régulière, symétrique, toujours la même pour des molécules intégrantes d'un corps solide, de sorte que l'on peut à volonté dissoudre un minéral et le faire cristalliser. Ici, tout est connu, la cause, l'effet et même le résultat du phénomène peut être calculé, déterminé à l'avance avec certitude.

Hypothèse de l'électricité. — Le rôle immense que joue l'électricité dans le phénomène de la cristallisation des corps inorganiques a dû conduire naturellement à employer ce moteur comme l'agent principal de la formation des êtres animés. Écoutez les partisans de cette hypothèse vous dire, il semble que telle circonstance d'organisation se rapporte à tel phénomène d'électricité, il paraît que telle agrégation de parties répond à telle puissance électrique, et après ces idées vagues, conjecturales, écoutez surtout le *donc l'électricité* joue un rôle essentiel dans l'organisation primordiale. C'est à coup sûr une conclusion bien hardie en présence de prémisses aussi timides.

Ainsi raisonnent encore les partisans du *magnétisme* et de l'*aimantation.*

Hypothèse du mélange des semences mâle et femelle. — Efforts impuissans d'Hippocrate (1), cette hypothèse tombe en ruines devant le fait bien constaté des fécondations externes. Ici l'expérience se passe sous les yeux, et Spallanzani a fait voir dans les fécondations artificielles, que le mâle seul possède la *semence* indispensable à l'éclosion des œufs de la femelle.

La difficulté principale dans la théorie relative à la création des êtres vivans, consiste à bien déterminer le mode de développement d'une seule partie organisée ; car le secret de la nature serait alors dévoilé pour toutes les autres. Cette idée a suggéré à Buffon son fameux *Système des Molécules organiques primitives*. La nature, selon cet auteur célèbre, est composée de deux matières aussi anciennes que le monde ; l'une, vivante, formée par des molécules organiques ; l'autre, morte, repose dans tous les corps inertes et se compose de molécules inorganiques. Le nouvel être résulterait du mélange des molécules organiques des parens avec lesquels il a tant de ressemblance. Outre que ces atômes corpusculaires sont une création imaginaire et n'existent pas ainsi disséminés dans la nature, en les admettant on tombe dans des difficultés aussi fortes à surmonter que dans la théorie de l'évolution, car il faudrait démontrer la préexistence de ces molécules pour lesquelles il n'existe aucune preuve directe, incontestable.

De l'Évolution.

Les difficultés immenses à produire une explication exempte de blâme pour la création des êtres organisés de toutes pièces a naturellement conduit à admettre la préexistence des germes, comme le dernier refuge de l'esprit et de la raison. Vaine espérance ! la nature, toujours mystérieuse, demeure presque autant inaccessible que pour l'épigénèse.

---

(1) Aristote admet aussi le mélange des fluides mâle et femelle ; il dit, dans un style figuré, que le sang menstruel est le marbre, le sperme le sculpteur, et le fœtus la statue.

A quel terme doit-on s'arrêter dans la préexistence des êtres ? Si l'on remonte à un, deux, trois parens, on recule d'autant de pas la difficulté sans la résoudre, car il faut nécessairement indiquer la formation du premier parent. C'est pourquoi l'on a admis la préexistence indéfinie des germes ou l'*hypothèse de l'emboîtement*, dans laquelle tous les êtres sont contenus les uns dans les autres, et de telle sorte que chaque germe est un petit monde de toutes les générations successives. On voit qu'il faut sans cesse marcher d'hypothèse en hypothèse, et admettre, pour que cette théorie soit vraie, la matière divisible à l'infini.

Abandonnant ce côté métaphysique de la question et la divisibilité infinie de la matière, l'*évolution* renferme des faits très curieux.

1º Il est évident que l'œuf préexiste à toute fécondation dans la femelle. Témoins, les poules vierges qui pondent ; témoins encore, toutes ces classes animales dépourvues d'accouplement et qui produisent des œufs pour les fécondations externes. 2º Les vaisseaux de l'œuf se continuent directement avec les vaisseaux du germe. On ne les voit pas apparaître avant et après la fécondation ; de sorte que ces vaisseaux, de même que le germe et l'œuf, semblent formés et se développer simultanément. C'est, en effet, une grande probabilité en faveur de la préexistence du germe, que la préexistence de l'œuf. Cette probabilité se changerait en certitude, si le fait annoncé par Spallanzani était bien constaté, savoir, que le têtard est tout formé dans l'œuf non fécondé de la grenouille. 3º Il n'est pas très rare de trouver chez les ovipares un œuf renfermé dans un autre œuf, et tous deux composés des mêmes élémens. 4º Cet emboîtement se retrouve encore dans les métamorphoses des insectes ; toutes les formes qu'ils nous présentent d'une manière graduée, successive, sont renfermées les unes dans les autres, suivant les belles observations de Swammerdam.

Telles sont les principales théories réduites à leur plus simple expression. Pour les juger d'une manière convenable, il est de toute rigueur de connaître les élémens du problème : ce n'est donc qu'après

13

l'exposition des faits, que nous discuterons la valeur intrinsèque de ces opinions, et que nous émetterons la nôtre.

Si la nature verse des ombres épaisses sur les bases rudimentaires de l'organisme, pour les dérober à nos investigations, elle permet au moins de constater les phénomènes survenus dans les organes génitaux de la femme après la fécondation. L'histoire de ces changemens faciles à apprécier, sont relatifs à l'ovaire, aux trompes et à l'utérus.

L'*ovaire*, centre de l'excitation déterminée par la fécondation, éprouve deux modifications profondes; l'une dans la vésicule imprégnée, ce sera le point de départ pour l'ovologie ; l'autre dans son tissu propre qui devient plus dur, plus consistant et d'une couleur jaunâtre.

Ce changement dans la texture spongieuse de l'ovaire s'opère d'une manière progressive. Lorsque l'ovule se détache, la vésicule se rompt et forme une cavité d'autant plus grande, que l'on examine l'organe à une époque plus rapprochée de la fécondation. Cette cavité, dont les parois sont imbibées d'un liquide jaune blanchâtre, présente longtemps la fissure par laquelle s'est échappée l'ovule ; elle s'oblitère petit à petit et se trouve placée au centre d'un tissu jaune, en relief à la périphérie de l'ovaire, comparé au mamelon des mamelles par Haller, et nommé *corps jaune, corpus luteum*, par cet auteur (Pl. III, fig. 6). Le corps jaune persiste après l'accouchement, et disparaît ensuite, laissant à sa place une cicatricule indélébile.

On trouve le corps jaune très développé, souvent recouvert d'un lacis vasculaire ; son intérieur est toujours creusé d'une cavité dans les ruminans, les carnassiers, les rongeurs. Autant d'ovules détachés chez les animaux multipares, autant il y a de corps jaunes, dont la durée est très variable, de même que chez la femme. Le corps jaune de la vache (Pl. V, fig. 6) envahit dans le principe presque tout le tissu de l'ovaire ; il offre l'aspect d'un globule sphérique, jaunâtre, légèrement en relief à la superficie de l'organe. Dans les chiennes (Pl. VI, fig. 6) et les lapines, ce sont de petits tu-

(99)

bércules obronds, jaunâtres aussi, et faisant une saillie très sensible à sa surface. Il nous est souvent arrivé de déterminer le
nombre des petits renfermés dans les cornes utérines en comptant
le nombre des corps jaunes. L'excitation imprimée par la fécondation ne concourt pas, cependant, seule à favoriser le détachement
de l'œuf, car les observateurs citent des exemples de cicatrices
bien évidentes sur des ovaires de jeunes filles vierges; de sorte que
le nombre des corps jaunes ou des cicatrices ne saurait être un
témoin fidèle de la fécondation. L'ovule, d'ailleurs, ne se détache-
t-il pas spontanément chez les femelles vierges des oiseaux, et dans
beaucoup de classes animales pour les fécondations extérieures!

La *trompe*, canal brisé, interrompu à son extrémité ovarienne,
qui est libre et flottante dans la cavité péritonéale, se redresse et s'applique d'une manière intime à l'ovaire pour établir la continuité du
canal avec cet organe et faciliter avec certitude la double transmission du sperme vers la vésicule, et de l'œuf fécondé vers la matrice.
Le mécanisme de l'application du pavillon frangé de l'oviducte sur
l'ovaire n'est pas déterminé dans son jeu complet, intime. Mais cette
ignorance est un faible argument contre le fait bien constaté de cette
juxta-position du pavillon et de l'ovaire, car, en physiologie expérimentale, combien de faits palpables, certains, se soustraient encore à
toute démonstration rigoureuse.

Si l'explication du phénomène considéré dans sa puissance intime
se trouve en défaut, il est toutefois, possible d'observer la turgescence
et le gonflement de la trompe après la copulation : cette érection, ce
spasme, en vertu desquels la trompe converge sur l'ovaire, appartiennent au tissu érectile de ses parois. Combien ce tissu érectile joue
un rôle important dans le grand acte de la génération! Avec quelle
habileté la nature l'a distribué, soit chez l'homme, soit chez la
femme!

Cette érection ne saurait donc être douteuse; une foule d'observateurs, à la tête desquels il faut placer Harvey, Haller, le professeur
Flourens, l'ont observé dans leurs expériences : sur le cadavre, on voit

aussi les fines injections, poussées dans ce tissu érectile, opérer un mouvement de redressement de la trompe sur l'ovaire. La laciniure du pavillon frangé, qui adhère à l'organe, limite la sphère d'action de la trompe et facilite encore cette application si variable pour son époque et sa durée.

Il est impossible d'observer, pendant la copulation, le redressement du pavillon de la trompe sur l'ovaire. L'état de spasme et d'érétisme dans lequel se trouve l'animal, cesse immédiatement par les douleurs d'une opération sanglante et ne peut fournir aucune notion précise sur le passage du sperme durant l'accouplement; mais quelques jours après la conception, il n'est pas rare de trouver l'orifice de la trompe en contact avec l'ovaire et des œufs adhérens tout à la fois au pavillon et à l'organe, ou bien déjà engagés dans l'oviducte. On se rappelle, sans doute, d'avoir vu au cours un œuf engagé dans le pavillon de la trompe chez une lapine. L'application tubale se fait ordinairement dans cette espèce du quatrième au cinquième jour ; c'est du cinquième au sixième jour dans les chiennes. Le passage de l'œuf, en général, est plus rapide dans les herbivores que dans les carnivores.

L'*utérus*, après la fécondation, possède deux qualités nouvelles, d'une haute importance : cet organe secrète une membrane adventive à l'œuf, sous forme de matière plastique, coagulable, albumineuse ; c'est la membrane caduque qui doit nous occuper dans l'ovologie. Il est encore doué du pouvoir de croître, d'augmenter de volume en proportion du développement de l'œuf que la trompe de Fallope amène dans sa cavité.

Telle est dans l'économie animale la solidarité d'action entre tous les appareils fonctionnels, qu'un organe ne saurait prendre plus de développement sans nuire à l'exercice régulier des autres organes (1). Mais l'utérus échappe à cette loi générale par les soins prévoyans de

---

(1) *Consensus unus, consentientia omnia.* (Hippocrate.)

la nature , qui a mis en réserve des matériaux qu'elle fait perdre dans
les temps ordinaires et qu'elle trouve disponibles à l'époque de la
gestation.

Les règles ou le flux menstruel constituent les matériaux indispensables au développement du tissu de la matrice. La *menstruation* ,
comme on sait , marque l'époque de la fécondité des femmes. Cet
écoulement sanguin périodique , survient à l'âge adulte et disparaît
dans la vieillesse. La durée des règles mesure exactement la durée de
la fécondité des femmes, bien qu'il se rencontre de nombreux cas
exceptionnels. Ainsi , il n'est pas très rare de voir des grossesses sans
règles préalables ; et les auteurs citent encore des exemples de femmes
devenues mères après l'âge *critique* ou de *retour*, c'est-à-dire après
la disparition du flux périodique. Dans toutes ces anomalies apparentes , la forme seule varie sans doute , et le fond matériel , la congestion sanguine , demeure constante. Lorsque le sang se porte avec trop
d'impétuosité vers l'organe utérin , il peut se faire que pendant la
gestation , les règles apparaissent (1). Les déviations des menstrues
sont dignes du plus haut intérêt ; certaines femmes sont réglées ,
par le poumon , l'estomac , la muqueuse nasale , l'enveloppe cutanée : chez elles l'écoulement sanguin se déplace donc , et tandis
que vers l'utérus on ne trouve aucune trace de congestion , chaque
mois , un point viscéral ou tégumentaire laisse échapper ainsi du
sang, sous forme d'hémorragie supplémentaire , périodique. Ces
irrégularités dans le siége de la menstruation sont fort rares , et l'on
peut établir d'une manière positive, la source des règles dans l'utérus. Chez des femmes mortes pendant leurs règles , on a trouvé du
sang dans la cavité de la matrice , et après une opération césarienne,
dont parle Haller , la plaie resta fistuleuse et chaque mois le sang des
règles se faisait jour par cette route insolite venant de son siége vé-

___
(1) A l'hôpital de la Maternité , dans le service des femmes enceintes confié à mes soins , plusieurs fois j'ai observé l'écoulement périodique pendant la grossesse.

ritable, l'utérus, et non pas du vagin , comme le prétendent certains auteurs.

La coïncidence du développement de l'utérus avec la menstruation supprimée ne tarde pas à fournir des preuves non équivoques de la grossesse. La *gestation* ou la *grossesse* est le temps compris entre la fécondation et l'*accouchement* pour la mère , entre la conception et le développement complet des organes pour le fœtus.

L'état de gestation , espèce d'incubation intérieure , s'annonce par des signes nombreux que l'on partage en trois classes. Les signes *directs* sont la cessation brusque des règles, le développement progressif de l'utérus, les nombreux changemens survenus dans sa forme, sa direction , ses diamètres et dans son col ; le ballottement du fœtus perçu par la mère et par le toucher, le gonflement des mamelles.

L'auscultation à l'hypogastre permet encore d'entendre et de comparer les battemens précipités du cœur du fœtus avec les contractions moins fréquentes du cœur à la région précordiale de la mère et lève tous les doutes que l'on pourrait concevoir.

Les signes *indirects*, se caractérisent par les troubles divers apportés dans le jeu des grands appareils fonctionnels ; du côté des voies digestives , on trouve des nausées, des vomissemens insolites ; du côté de l'axe cérébro-spinal , la sensibilité se trouve exaltée ou bien elle s'émousse et se pervertit , etc.

Enfin , vers la fin de la gestation il survient plusieurs phénomènes éventuels , tels que l'infiltration passive des membres pelviens , les varices, les douleurs lombaires, dorsales et pelviennes , résultats divers déterminés par la compression mécanique du viscère augmenté de volume , qui se déplace et comprime les organes, les nerfs, et les gros troncs vasculaires abdominaux. Tels sont les *signes consécutifs* auxquels il faut joindre certains changemens survenus dans l'exercice régulier des fonctions , et qu'il n'est pas de notre objet de décrire dans ces leçons d'anatomie physiologique. Il en est de même relativement à la configuration , aux diamètres, à la situation de l'utérus et à sa direction par rapport aux axes du bassin ; ces détails appartiennent à l'art obstétrical.

Mais la texture modifiée de l'organe par la gestation rentre dans notre domaine.

Le système musculaire, à l'ordre duquel le tissu propre de l'utérus appartient, se divise pour nous, en deux grandes classes : tout muscle dont les fibres élémentaires sont réunies en faisceaux parallèles entre eux, quoique obliques, transverses, par rapport à l'axe vertical de la ligne médiane est un muscle de la vie de relation. Si les fibres musculaires se réunissent en faisceaux entrecroisés composant des couches superposées les unes aux autres dans des sens divers, chaque couche formera un muscle particulier, spécial à la vie organique ou végétative. Telle est la disposition par plans musculeux concentriques, irréguliers dans les viscères contractiles. Or, l'utérus est doué d'une contractilité très énergique, et se compose pour son tissu propre, de deux couches musculaires principales ; l'une interne formée de fibres circulaires très sensibles vers les embouchures des trompes de Fallope et du col de la matrice qu'elle environne comme des sphincters ; l'autre couche recouverte par le péritoine et le tissu cellulaire sous-séreux, très ferme, très résistant à cette époque, est plus excentrique, placée sur le plan des fibres circulaires internes, et fort irrégulière dans la distribution de ses fibres. Il est possible de séparer ce plan musculeux externe en trois embranchemens secondaires qui sont constitués par des fibres allongées sur les trompes, les ligamens ronds et de l'ovaire ; souvent on trouve des fibres verticales assez nombreuses, réunies sous forme de bande musculaire, qui, de la face antérieure du col décrivent une courbe, au-dessus de la base de l'organe, pour venir se perdre à la face postérieure du col utérin.

Le système circulatoire repose pendant la grossesse sur de plus larges bases. Toutes les flexuosités artérielles et veineuses disparaissent ; le calibre ou le diamètre de ces vaisseaux augmente considérablement et à tel point, que les vastes dilatations veineuses ont été prises pour des *sinus* particuliers creusés dans l'épaisseur du parenchyme. Il re-

sulte de la destruction des courbures vasculaires que la circulation devient très rapide ; ce sont, pour ainsi dire, les écluses levées au torrent
sanguin qui doit aller porter la vie au nouvel être. Les vaisseaux
lymphatiques sont très développés , souvent de la grosseur d'une
plume à écrire et faciles à disséquer sur les parties latérales de l'organe.
Le temps de la grossesse est très variable suivant les espèces, il se
ter mine par un mécanisme musculaire toujours le même comme puissance contractile , en vertu duquel , l'œuf tout entier doit être expulsé de la cavité utérine, franchissant le canal vulvo-utérin dans la
direction d'une ligne courbe imaginaire , qui coupe les deux axes du
bassin et l'axe vulvaire. La contraction synergique de l'utérus et des
muscles abdominaux détermine cette expulsion du fœtus et de ses
annexes, et constitue le phénomène de l'ACCOUCHEMENT.

Est-il possible d'accélérer ou de retarder le terme de l'accouchement ? La question des naissances tardives a eté vivement et aigrement
débattue, mais nous ne connaissons pas encore les limites fixes, bien
déterminées que la nature a posées pour la parturition. Quoique dans
l'espèce humaine , ce soit au neuvième mois environ que le terme de
l'accouchement paraisse fixé , ne voit-on pas tous les jours une foule
d'infractions à cette règle générale ? La morale et l'humanité se re-
fusent à tout genre d'expérimentation sur l'espèce humaine, et les
résultats positifs en faveur du retard ou de l'accélération des naissances
à volonté , s'appliquent aux animaux.

Le professeur établit d'abord en principe que le terme de l'accouchement est fixé et possible , sans préjudice pour la viabilité du fœtus , au moment où ses organes sont assez formés pour lutter et faire
opposition aux forces générales de la nature. Ce terme , fixé à six ou
sept mois pour l'espèce humaine , est beaucoup plus précoce pour certaines espèces, comme nous le verrons chez les marsupiaux , dont
les petits à peine ébauchés par la vie intra-utérine sortent et viennent subir une seconde gestation dans une poche à air libre et placée
devant l'abdomen de la mère.

Toutefois, selon des expériences qui lui sont propres , M. Flourens affirme, qu'il est possible sur les animaux, d'accélérer ou de retarder le terme de la naissance, ou en d'autres termes, que l'on peut hâter ou ralentir la formation des organes des petits, de manière à les produire à la lumière, dans un état de viabilité complète : car il n'est pas question ici de l'avortement, toujours facile à produire, mais qui compromet gravement les jours de la mère et tue le fœtus, souvent lorsqu'il était viable.

A l'instant même de sa naissance, dépouillé de ses enveloppes de protection, le fœtus respire et se nourrit d'une façon différente dans les ovipares et les vivipares.

Le vitellus rentre dans l'abdomen de l'oiseau, du reptile ou du poisson, pour servir à la nourriture de l'animal qui vient d'éclore, jusqu'au moment où ses organes habitués à la transition de vie puissent recevoir et s'assimiler des alimens extérieurs ; de sorte que chez les ovipares, en général, même après l'éclosion, les phénomènes de l'incubation se prolongent.

Des organes préparés durant la grossesse, sécrétent en abondance le lait, aliment très azoté, très nutritif pour les petits des animaux vivipares. La *lactation*, fonction qui résulte de la sécrétion lactée, pourrait à juste titre s'appeler la *gestation des mamelles*, puisqu'elle est un lien qui unit encore la mère au fœtus. Il semble que la nature craigne de rompre cette influence maternelle ; ce dernier lien entre la mère et l'enfant et le premier anneau de la grande chaîne sociale ! Ce lien devant lequel l'animal le plus féroce tremble et se prosterne !

Telle est encore l'importance des *mamelles*, que leur présence est un signe non équivoque de la viviparité et sert à classer une foule d'animaux sous le nom générique de *mammifères*. Ces animaux se partagent en deux grandes divisions ; l'une très répandue sur l'ancien continent, est formée par les mammifères ordinaires ; la seconde section renferme les *didelphes* ou *marsupiaux*, espèces animales qui habitent l'Amérique du Nord et la Nouvelle-Hollande, tels sont le phalanger, le kanguroo, l'opossum, la sarigue.

14

Le rôle des mamelles chez les didelphes est égal, pour le développement du fœtus, à celui de la matrice.

La naissance prématurée des petits de ces animaux, les exposerait à une fin prochaine, si au moment de la parturition une poche ou bourse, ne venait les recevoir pour les mettre à l'abri des vicissitudes atmosphériques et faciliter le jeu de la lactation qui doit servir à leur entier développement ; au moment de son passage des voies génitales dans la bourse marsupiale, le petit opossum, pèse un grain et le kanguroo géant vingt grains. Cette organisation à peine ébauchée pendant les seize, vingt-deux ou vingt-six jours de la gestation utérine, se perfectionne et se termine véritablement par la gestation des mamelles.

Fixé au mamelon, le petit puise sans cesse du lait, nourriture indispensable à son développement, et pour que la déglutition n'entrave pas les phénomènes de la respiration, le mécanisme respiratoire a subi de notables modifications. Le larynx s'élève dans les fosses nasales, sous forme d'une pyramide qui permet au fluide lacté de passer continuellement à sa base, tandis que l'air pénètre dans les voies aériennes par son sommet engagé dans les fosses nasales. Il résulte de cette disposition organique que la nutrition et la respiration peuvent se faire simultanément et sans entraves, sans accidens.

On ne remarque pas sur l'abdomen du fœtus des traces de cordon ombilical. Plusieurs embryons renfermés dans la bourse marsupiale n'en présentent aucune trace.

L'organisation de la bourse des didelphes est curieuse à connaître. Cette bourse consiste dans un développement de la peau abdominale, qui enveloppe et recouvre les mamelles situées au bas du ventre. *Deux os marsupiaux* constituent le squelette de la poche et ils s'articulent de chaque côté de la symphyse pubienne avec les os du bassin.

Le jeu de ces os détermine les changemens de la bourse marsupiale. Ils peuvent s'abaisser, s'élever ou s'éloigner l'un de l'autre. Des puissances musculaires déterminent tous ces mouvemens.

Les muscles obliques de l'abdomen insérés sur le bord externe des os marsupiaux, par leur contraction servent à les éloigner et à augmenter la largeur de la poche.

Des muscles propres, insérés au bord interne de ces os, sont les antagonistes des muscles abdominaux ; quand ils se contractent, ils reserrent la bourse. A cet effet, on trouve encore un muscle circulaire, sous forme de sphincter.

Enfin, les muscles longs, prennent leur point d'attache fixe aux os des îles, et leur point d'insertion mobile au sommet des os marsupiaux ; de sorte que par leur contraction, ils abaissent vigoureusement la poche jusqu'à l'ouverture de la vulve. Le passage du fœtus des voies génitales dans la bourse se fait d'une manière insensible, au moyen de ce mécanisme digne d'admiration.

DEUXIÈME PARTIE.

DE L'OVOLOGIE.

Considérations générales.

Fixé au lieu qui l'avait vu naître, l'œuf, après la fécondation et sous l'influence de cette force secrète, se détache de l'ovaire et change subitement de nature, il passe de l'état d'inertie, de stupeur, à l'état d'activité, de vie, et l'on voit paraître les premiers vestiges de l'embryon, petite sphère animale, dont le diamètre sans cesse croissant, finit par acquérir de telles dimensions, qu'elle surpasse en volume les divers élémens qui la dominaient à son origine. Néanmoins, les phases de développement que le germe doit parcourir, se trouvent toujours subordonnées au mode de production de l'œuf dans les espèces animales.

La femelle des *ovipares*, aussitôt après la ponte, se trouve complé-

lement séparé de son produit, et la température joue le rôle le plus
important pour le développement du germe. Certaines classes d'animaux ne demeurent pas tout-à-fait étrangères à l'évolution de l'œuf,
elles fournissent elles-mêmes le degré de chaleur indispensable à la
formation successive des organes du germe, et lorsque l'incubation est
terminée, elles veillent encore avec une tendre sollicitude à la subsis-
tance et à la garde de leurs petits. Tels sont les *oiseaux*. L'autruche paraît faire exception à cette règle générale, parce qu'elle abandonne ses
œufs à la chaleur atmosphérique dans certaines contrées équatoriales;
mais, cette exception est incomplète, car ce même oiseau couve son
œuf dans les pays moins chauds.

Tous les ovipares à sang froid dont la température est variable,
inconstante comme le milieu dans lequel ils sont plongés, ne pou-
vaient fournir pour l'incubation, aucun degré de calorique supérieur
à la température ambiante : c'est pourquoi les *reptiles* abandonnent
complétement leurs œufs à l'ardeur des rayons du soleil; le crocodile seul, surveille son produit pendant l'évolution : c'est pourquoi
l'on voit encore les *poissons* déposer au fond des eaux et sur la plage
fangeuse, leurs œufs innombrables qui se trouvent incubés par la
chaleur du milieu dans lequel ils sont plongés. La température, dans
le développement du germe des ovipares, joue un rôle d'une telle
importance que seule elle peut faire éclore les œufs des oiseaux, des
reptiles, des poissons, des mollusques céphalopodes, etc, etc.

Le phénomène de l'incubation chez les mammifères ou vivipares,
se complique; il se passe dans l'intérieur des organes de la mère et
se nomme le temps de la grossesse ou de gestation (*Voy*. pag. 102).
La chaleur ne suffit plus pour amener le germe dans un état de maturité; l'appareil génital femelle fournit sans cesse les matériaux indispensables à l'augmentation de volume du petit, déterminée par
l'évolution de ses organes. En général, l'influence maternelle sur
le germe et l'œuf est d'autant plus grande que l'animal est plus élevé
dans l'échelle zoologique.

L'œuf et le germe, ne sont pas, cependant, deux parties distinctes ;

l'esprit seul a dû les séparer pour en faciliter l'étude. Toutes les phases de développement du germe et les lois qui paraissent les régir ,
formeront la troisième partie de ce cours ou l'*Embryologie*. L'histoire
des membranes de l'œuf, des liquides qu'elles renferment, des vaisseaux qui s'y distribuent, et l'usage de ces différentes parties, constituent la science de l'*Ovologie*. Ces élémens divers pourraient se nommer
membranes, liquides, vaisseaux du fœtus, parce qu'ils sont en effet
destinés à protéger et à faire vivre le nouvel être.

Tout œuf complet se compose de quatre membranes, qui ont une
dénomination et un rôle très différens.

La membrane *amnios*, la plus interne de toutes, sert d'enveloppe, de protection au fœtus. Le chorion, membrane la plus
extérieure, embrasse l'œuf tout entier. Entre ces deux membranes,
se trouvent deux vésicules très importantes ; l'une la vésicule
ombilicale destinée à la nutrition du fœtus, au moyen d'un canal
qui se rend à l'intestin. Cette membrane, espèce de diverticulum intestinal, forme le prolongement renflé en vésicule que
M. Flourens appelle l'*intestin extérieur du fœtus* : l'autre vésicule, ou
l'*allantoïde*, reçoit les excrétions du fœtus et provient de la vessie
par le canal de l'ouraque. Ce prolongement qui établit la communication entre l'allantoïde et la vessie, lui a fait donner le nom de membrane *ovo-urinaire*. D'après son véritable rôle, le professeur la nomme *vessie externe du fœtus*. Ces expressions énergiques, de *vessie*
et *d'intestin externes du fœtus* pour représenter les vésicules allantoïde
et ombilicale, sont justes et vraies : et plus d'une fois, après la description topographique de chaque espèce d'œuf on sera à même d'en
apprécier l'exactitude.

Considérant l'objet des vésicules sous un point de vue physiologique. Il est évident que toute nutrition suppose et nécessite des excrétions ; car la nutrition, comme on sait, résulte d'un échange de
molécules organiques qui se trouvent assimilées et rejetées ensuite par
les voies excrétoires. Or le fœtus se nourrit, il doit nécessairement
avoir des excrétions. Dans les ovipares, le vitellus, le jaune ou leur

membrane ombilicale , suffit à l'accroissement nutritif du petit. Cette
vésicule ombilicale dans le principe sert aussi de foyer de nutrition
au petit du vivipare, mais il puise surtout des sucs indispensables à
sa croissance dans l'organe maternel. Comme les parties assimila-
trices sont liquides chez le fœtus , il excrète d'autres parties moléculaires également liquides qui vont se rendre dans la cavité allantoïdienne. Les ovipares nous fournissent donc une preuve indubitable
du rôle de ces deux membranes pour la nutrition du fœtus.

Le vitellus , en effet , se trouve énorme dans ces animaux parce qu'il
doit servir de nutrition au germe pendant toute l'époque de l'incubation : comme les vivipares puisent dès le principe de la gestation
des élémens nourriciers dans la mère , la vésicule ombilicale, en raison
de cette connexion ne devait pas avoir un aussi vaste développement ;
c'est pourquoi elle ne tarde pas à disparaître , à s'atrophier , tandis
que chez l'oiseau elle persiste même après l'éclosion pour le nourrir
encore. A mesure que la nutrition s'opère , que le petit augmente de
volume, on voit chez les ovipares apparaître un réservoir pour ses
excrétions, c'est la vésicule allantoïde , dont l'existence et la jonction
à la vessie, permanente dans toutes les espèces animales, caractérise
bien son usage de réceptacle des excrétions.

Tels sont les *élémens membraneux*, si variables pour la conformation , le volume, la situation et les rapports. Sur cette mobilité
repose le véritable trait distinctif des œufs de toutes les espèces
animales.

Les *élémens vasculaires* sont formés par les vaisseaux omphalo-
mésentériques qui, du fœtus se rendent toujours à la vésicule ombilicale et par les vaisseaux ombilicaux dont les dernières radicules,
traversent le chorion chez les mammifères pour former par leur assemblage, le placenta et les cotylédons ou petits placentas multiples.
Dans les ovipares, ils s'épanouissent sur l'allantoïde. Outre ses élémens propres, membraneux et vasculaires, l'œuf emprunte encore
des élémens adventifs aux parties de la génération qu'il doit traverser.
Ainsi chez les oiseaux , au moment où l'œuf abandonne la grappe pour

tomber dans l'oviducte, il ne contient que le germe, le jaune et sa membrane : à mesure qu'il chemine dans le canal, il se revêt successivement de la membrane chalazifère de l'albumine de la membrane de la coque et de la coquille. La matrice des mammifères secrète de même une humeur plastique albumineuse, organisée en membrane adventive ou caduque qui revêt et protège l'œuf.

Tout œuf à son maximum d'organisation possède donc des élémens propres divisés en :

1° *Élémens membraneux*, tels que l'amnios, le chorion, la vésicule ombilicale ou vitelline, la vésicule allantoïde.

2° *Élémens vasculaires*, comme les vaisseaux ombilicaux et omphalo-mésentériques.

Des *liquides*, variables pour la couleur et la densité, toujours contenus dans les cavités membraneuses.

Et des *élémens adventifs* constitués par la membrane caduque des mammifères et la coquille des ovipares.

Il résulte de ces considérations générales, sur les rapports et les usages de ces divers élémens constitutifs que l'œuf et le germe forment les deux parties d'un même tout : puisque, pour les élémens membraneux, l'amnios se continue avec la peau, la vésicule ombilicale avec l'intestin et la vésicule allantoïde avec la vessie du fœtus. Puisque, pour les élémens vasculaires, les canaux artériels et veineux du fœtus se continuent sans aucune trace de solution de continuité, à aucune époque, avec les vaisseaux des membranes, de sorte que pendant l'incubation ou la gestation, le germe vit par l'œuf, tandis qu'après l'éclosion et l'accouchement, il vit par lui-même. C'est, on peut dire, le passage du rôle des membranes de l'œuf au jeu des organes du fœtus qui détermine le phénomène des divers degrés de l'évolution de l'être organisé.

Toutes les parties de l'œuf ne sont donc que des expansions organiques de l'embryon. Une fois que ces organes fœtaux ont rempli leur rôle, ils se flétrissent et tombent à la manière de ces grandes mutations externes d'organes, si faciles à observer chez les animaux. Organisé sur le plan des poissons, le têtard possède des branchies, une queue, des nageoires et un tube gastro-intestinal d'herbivore; la scène change chez l'animal adulte, tous les organes se flétrissent, se modifient ou disparaissent, et la grenouille possède un canal gastro-intestinal de carnivore et des poumons. Les métamorphoses des insectes ne sont aussi que des dépouillemens d'organes. Swammerdam avait parfaitement bien reconnu que sous l'enveloppe de la crysalide, toutes les parties de l'insecte parfait existaient en miniature. Ce long état fœtal de l'insecte, détermine ce fait unique dans le règne animal que le petit se montre à nos yeux de suite avec une organisation d'adulte, tandis qu'il faut encore bien du temps aux autres animaux pour se développer et se reproduire. Parmi les insectes, il y en a qui semblent destinés à naître, s'accoupler et mourir en quelques heures.

L'évolution d'un être organisé ne paraît consister véritablement que dans la succession de certains organes à d'autres organes. Telle est, en effet, la loi d'existence de tous les êtres animés. Ils présentent toujours des organes transitoires ou temporaires aussi indispensables à la vie actuelle, que les organes inactifs dont le rôle se trouve retardé. A l'état fœtal, l'œuf, organe complexe du germe, domine; il se trouve plus tard dominé et tombe lorsque le développement viscéral interne est complet. A l'état adulte, ne voit-on pas aussi les organes génitaux apparaître, briller de toute leur puissance, et se flétrir par la caducité !

Dans l'exposition anatomique de tous ces changemens successifs de membranes, de vaisseaux, durant la vie fœtale, quel ordre, quelle méthode devons-nous adopter ? La bonne logique exige, il est vrai, que, dans toute science, on procède du simple au composé, du connu vers l'inconnu, et pour nous conformer à ce principe fondamental, il faudrait commencer l'ovologie par l'anatomie descriptive de l'œuf du poulet, dont toutes les périodes de l'évolution peuvent être exactement appréciées à l'avance. Telle n'est pas, cependant la marche qu'il nous est permis de suivre en raison du principe de la fondation de cette chaire, savoir: *l'anatomie humaine*, éclairée par celle des *ani-*

maux. L'étude de l'ovologie plus pénible , dans ce sens , ne laisse pas que de piquer vivement l'esprit : elle deviendra même par-là plus vive , plus attrayante à mesure que nous ferons des progrès dans le règne animal , maintiendra sans cesse l'attention en suspens , jusqu'à ce que les ovipares viennent couronner les descriptions par un auréole de lumières qui dissipera tous les doutes. Terminer une étude anatomique , par la preuve matérielle des faits , c'est prévenir l'incrédulité du spectateur , au moment où la science doit triompher et briller de son plus vif éclat.

TROISIÈME SECTION.

1. *Histoire de l'OEuf dans les animaux ●●● vipares* (*mammifères*).

L'anatomie physiologique appuyée sur le véritable mode de reproduction des animaux ovipares , a percé le voile obscur , mystérieux , qui enveloppait les premiers vestiges de toutes les générations mammifères, pour venir proclamer que l'œuf était la forme primordiale , commune à tous les êtres vivans, organisés : réduisant ainsi au néant , comme l'établit ici pour la première fois le professeur, l'hypothèse du mélange des liqueurs mâle et femelle durant la fécondation ; mélange que les anciens considéraient comme la base de la création des animaux vivipares.

Un seul génie n'a pas la gloire d'avoir imprimé son cachet à cette grande découverte. Plusieurs hommes illustres revendiquent avec raison , un fragment du faisceau d'observations et de recherches sur lequel repose le véritable mode de reproduction de ces espèces animales. Notre tâche dans cette narration , sur l'importante découverte de l'œuf des mammifères sera de rendre hommage à toutes ces investigations partielles dont l'ensemble forme l'idée collective ou la *science* de l'*ovologie*.

L'histoire de l'ovologie des vivipares peut se diviser en trois grandes époques.

Les recherches primitives se dirigèrent naturellement vers les objets saillans, faciles à voir, à saisir, à étudier. Cette première époque embrasse l'étude des élémens constitutifs de l'œuf.

Plus tard, un trait de génie d'Aristote servit de base à l'illustre Harvey, pour établir que la première forme des êtres organisés, soit ovipares, soit vivipares, était l'œuf.

Enfin, la troisième époque se caractérise par la découverte des œufs dans l'ovaire, leur réceptacle.

Aristote, dont les écrits philosophiques retentirent avec tant d'éclat, et subirent tant de vicissitudes dans le monde, a été trop peu étudié dans ses ouvrages d'Histoire Naturelle. Ces chef-d'œuvres, reposent sur une a_____ie comparée, qui, pour la classification du mode de géné____on des espèces animales, était déjà fort avancée. Cet homme célèbre, admettait quatre espèces de générations.

La *première espèce* comprend les *animaux vivipares vrais* ou les mammifères, et telle est la capacité de cette intelligence supérieure, qu'elle va scruter les profondeurs des mers, pour choisir parmi les habitans de l'onde, les seuls cétacés, animaux véritablement mammifères, et que l'on s'étonne plus tard de trouver classés avec les poissons, par Linnæus, ou bien encore, parmi les reptiles suivant d'autres naturalistes.

La *seconde espèce* de génération renferme les *faux vivipares* ou *ovo-vivipares*, animaux dont l'œuf et le petit vivant, sortent ensemble des voies génitales. Le requin, chez les poissons cartilagineux et la vipère parmi les reptiles, présentent ce singulier phénomène.

Les oiseaux, les reptiles, et les poissons, forment la *troisième espèce* de génération, ou les *ovipares*.

Enfin, il admet les *générations spontanées*, qui surviennent par la corruption des viandes, ou par la pourriture. Cette pensée d'Aristote, est sans doute l'idée mère, le premier fondement de la théorie de l'épigénèse, car s'il était démontré que les viandes putréfiées, corrompues, donnent spontanément naissance à des êtres organisés, il serait évident que les animaux peuvent, à leur principe de formation, se produire de toutes pièces.

Cette grave erreur a été victorieusement réfutée par les modernes. Redy le premier, a ébranlé l'opinion publique, par une série de nombreuses expériences, qui sont devenues une longue suite de preuves péremptoires contre la possibilité d'existence des générations spontanées.

Placées sous des cloches et à l'abri du contact de l'air atmosphérique, il vit que les matières putrides, corrompues, n'engendraient pas d'êtres vivans, soit lorsqu'il hâtait la putréfaction à l'aide du calorique et de l'humidité, soit lorsqu'il la ralentissait. L'anatomie de ces animaux est venue corroborer ses belles recherches ; car du moment ou il démontra que ces nouveaux êtres possédaient des organes génitaux pour sécréter l'œuf et le sperme, l'explication des générations spontanées devint inadmissible. Vallisniery s'est associé à la gloire de cet observateur, pour renverser de fond en comble, l'idée des créations animales spontanées. L'esprit conservait encore quelque doute pour certaines espèces, dont la formation paraissait difficile à expliquer autrement que par leur spontanéité d'existence. Quel pouvait être le mode de génération de ces classes animales, parasites, qui se développent dans les tissus, dans les organes des autres animaux, aux dépens desquels ils croissent et vivent? La découverte des organes de la reproduction, de l'œuf qui renferme le petit chez ces êtres parasites, est le fait le plus puissant pour renverser ce mode de génération, que l'ignorance seule peut admettre de nos jours.

Abandonnant l'erreur d'Aristote, il n'en reste pas moins prouvé qu'il connaissait les trois principales espèces de générations du règne animal, et dans un passage, par un élan si familier à ce grand homme, il dit que tous les animaux se forment de la même manière, sauf cette différence que les *vivipares* sont joints à la matrice par l'ombilic; que les ovipares ont leur ombilic prolongé à la surface de l'œuf ; enfin que les ovo-vivipares ont une double connexion à l'œuf et à l'utérus , au moyen de l'ombilic.

Vésale observa que dans l'antiquité , avant les travaux de l'illustre chef des péripatéticiens , les anatomistes confondaient sous une même dénomination toutes les membranes de l'œuf et le germe qu'elles renferment. Cette confusion, transmise de générations en générations , règne encore de nos jours dans le vulgaire qui nomme *arrière-faix* ou *délivre* l'ensemble des élémens de l'œuf que les Romains appelaient *secondines*.

Les progrès de la science, bien dirigés par des études profondes, ne tardèrent pas à séparer les divers élémens constitutifs de l'œuf. Aristote, le premier qui s'est fait une juste idée de l'évolution du poulet, a reconnu deux membranes seulement dans la composition de l'œuf des vivipares , sur lequel il n'avait que des idées vagues ; l'une , *chorion interne*, contenait le fœtus et le fluide amniotique ; l'autre membrane, *chorion externe*, servait d'enveloppe générale au fœtus et à la seconde membrane. A Galien était réservé l'honneur de jeter les premières bases de l'ovologie des mammifères , en imposant aux membranes de l'œuf les dénominations qu'elles conservent encore. Selon cet illustre anatomiste, la membrane *amnios* a une texture délicate , elle enveloppe , sert de robe ou d'habillement au fœtus et reçoit sa transpiration cutanée. Cette opinion , sur la sueur du fœtus renfermée dans l'amnios , fut adoptée par Vésale et Fallope, elle a trouvé encore des partisans dans les temps modernes. En dehors de l'amnios, il décrit une autre membrane qu'il nomme *allantoïde* ou *intestinale* , en raison de sa forme semblable à celle d'un intes-testin , et dont l'objet est de recevoir l'urine de la vessie , au moyen d'un canal qu'il nomme *ouraque*. Enfin, le chorion, membrane la plus excentrique de toutes, lui paraît destinée à renfermer toutes les autres et le fœtus. Cette structure pour l'œuf humain serait fort inexacte , et il sera facile de voir que Galien a donné la description.

d'un œuf de ruminant dans lequel l'allantoïde est latérale et comme intestinale.

Après la renaissance des lettres, le médecin de Pergame devint le modèle vénéré en anatomie, et ses ouvrages furent copiés avec leurs graves erreurs. Vésale secoua l'autorité du grand homme et réduisit au néant les écrits d'une foule de plagiaires. Il démontra clairement que la description de l'œuf humain avant son époque était empruntée à l'œuf des mammifères. Mais ce critique sévère ne fut pas lui-même à l'abri de reproches ; s'il démontra la substitution de l'œuf des ruminans à l'œuf humain, Cuvier fit voir la supercherie de Vésale qui, à l'aide des membranes d'un œuf de chien et un fœtus de l'espèce humaine, habilement placé dans leur intérieur, composa un œuf humain.

Fallope, avant les temps modernes, s'était déjà attaché à combattre par les faits mieux observés, les erreurs de Vésale, comme celui-ci avait réfuté les fautes de Galien. Noble but ! Noble émulation dans les sciences, que cette lutte toute de faits, toute d'expériences ! Le chorion et l'amnios de l'espèce humaine lui étaient bien connus, et dans les mammifères, il plaça l'allantoïde entre ces deux membranes. Le premier, il annonça l'impossibilité de trouver l'allantoïde dans l'œuf humain, et de nos jours, la position et même l'existence de cette membrane sont encore problématiques. Les observations de cet écrivain paraissent, en général, exactes et véridiques.

Fabrice d'Aquapendente s'est élevé à des considérations générales sur l'ovologie. Il a surtout bien décrit les placentas. Dans l'œuf humain, il admet le chorion et l'amnios, reconnaît l'allantoïde dans les ruminans, et la refuse, à tort, aux pachydermes, aux rongeurs et aux carnassiers. La disposition des enveloppes des vivipares fut mal étudiée par Harvey qui paraît avoir confondu l'allantoïde avec le chorion. Par des études ovologiques, mieux dirigées, Gautier Needham a complété l'histoire des élémens membraneux de l'œuf, et n'a laissé que de légers détails à l'avidité des recherches de ses

successeurs. Il est l'auteur de la découverte de la vésicule ombilicale,
membrane jusqu'alors toujours confondue avec l'allantoïde. La comparaison qu'il fit de cette vésicule ombilicale avec le vitellus ou l'enveloppe du jaune des ovipares, est juste et vraie. C'est encore lui qui a
reconnu le premier la vésicule allantoïde dans toutes les espèces animales et détruit les exceptions admises par Fabrice d'Aquapendente. A
une époque plus moderne, Sœmmering, Blumenbach, Hüfeland, etc.,
se sont exercés avec beaucoup de patience et de soin à l'étude de la
vésicule ombilicale. Haller, observant qu'aux différentes phases de
l'incubation, le germe et les membranes n'étaient pas dans un rapport
constant, invariable, s'est occupé à tracer le mode progressif de
développement de l'œuf du poulet, et de plus à signaler les rapports
généraux et les différences sensibles dans la structure de l'œuf des
ovipares et des mammifères. Mais cette étude parallèle avait déjà été
entreprise avec bonheur par Wolf et Malpighi. Ajoutant ses propres
observations aux faits scientifiques recueillis avant lui, Cuvier, génie
puissant, s'est élevé à une théorie générale des phénomènes de l'ovologie. Il est remonté aux principes généraux qui régissent toutes
les variations de rapports, de forme et de structure, en un mot, il a
construit l'édifice dont les fondemens furent jetés par Aristote et Galien, et la science ainsi organisée, constituée, s'enrichit chaque jour
et se complète.

Témoin de plusieurs avortemens, Aristote se plut à comparer les
débris du fœtus et de ses membranes aux œufs des ovipares, moins
la coquille. Cette idée vague, jetée au hazard, est cependant le premier principe de la découverte de l'œuf dans les vivipares. Harvey,
trop habile pour abandonner un si riche héritage, recueillit cette
pensée, en fit l'objet de pénibles recherches et eut la gloire de démontrer aux savans que la seule différence qui existe entre les ovipares
et les vivipares, c'est que l'œuf des premiers éclot hors des voies
génitales, tandis que l'œuf des mammifères se greffe, vit et se
développe dans l'utérus. Cette idée générale, appuyée sur des faits,

sanctionnée par l'expérience, conduisit naturellement aux grandes
lois de la génération.

Les ovaires paraissaient à Harvey deux organes glanduleux sécréteurs
de même nature que la prostate et utiles seulement pour lubrifier les
voies génitales par la sécrétion d'une humeur visqueuse. Il rejetait
l'idée de testicules et la formation de la semence pour la fécondation
chez les femelles. Sa grande découverte consiste à avoir trouvé l'œuf
dans la matrice des femelles de daims, de biches, animaux nombreux
dans les parcs royaux d'Angleterre, et qu'il devait à la libéralité de
son souverain Charles Ier. Dans ses belles expériences, son génie,
soutenu par la puissance de faits si multipliés, ne tarda pas à découvrir une vésicule, petit sac rempli de liquide qui adhérait de tous
côtés, ou plutôt qui tendait à se greffer sur la matrice dans certains
points circonscrits et déterminés, à l'aide de vaisseaux groupés, agglomérés de plus en plus, de façon à former de petits disques ou gâteaux
placentaires. Rompant tout cet appareil, il vit l'embryon, et ne
doutant plus que c'était l'œuf des mammifères qu'il venait d'observer, il lui vint cette idée générale à jamais célèbre, *omne vivum
ex ovo.*

Toutefois, la théorie d'Harvey sur la formation de l'œuf est fort singulière. Trouvant toujours l'ovule dans la matrice, il en conclut que cet
organe produit l'œuf par une sorte d'impulsion, de contagion qui lui
est transmise ou imprimée durant l'acte de la fécondation. La matrice
conçoit l'œuf, dit-il, comme le cerveau conçoit les idées, et de même
que les idées sont l'image des choses, le fœtus, véritable idée de la
matrice, doit ressembler à ses parens. Il publia son livre sur la
génération en 1651.

Deux découvertes importantes ne tardèrent pas à être faites en
ovologie. On trouva l'analogie exacte, complète, qui existe entre les
œufs des ovipares et des vivipares, et bientôt la place, l'organe, ou réceptacle des œufs dans les mammifères. Plusieurs hommes supérieurs se disputent la gloire de ces découvertes, Stenon semble
avoir plus de droits que de Graaf et Swammerdam, quoique tous,

en particulier, soient, presque en même temps, arrivés au même but.

Vésale, Fallope, Rioland, Bartholin, avaient bien observé les œufs ou vésicules dans l'ovaire ; ils les avaient même décrits sous forme de petits corps globuleux, renfermant un liquide, mais ils ne tirèrent aucune conclusion, à part quelques idées hypothétiques vagues et non relatives au mode de génération des vivipares. C'est Stenon qui, le premier, appela la vésicule des prétendus testes, œuf, et l'organe réceptacle de ces vésicules, *ovaire*. Il trouva que chez les vaches, les œufs contenaient une humeur jaunâtre, il fit encore des comparaisons entre les œufs de l'ours et ceux des poissons. Là se bornèrent ses expériences. Il ne suivit pas l'œuf dans la trompe, ni dans l'utérus et resta complétement étranger au phénomène du développement de l'embryon dans cet organe.

On a voulu retirer à Stenon la gloire de sa découverte et la donner à un nommé Mathæus Degradibus, anatomiste et médecin, qui aurait émis l'idée que les ovaires renfermaient des œufs. Admettant comme authentique ce point de l'histoire, il y a loin d'une idée jetée au hasard à la démonstration rigoureuse d'un fait. Jean Van Horn, qui découvrit le canal thoracique en même temps que Pecquet, s'associa encore à Stenon dans la localisation de l'œuf des mammifères. Il le décrivit d'une manière positive dans l'ovaire.

Cependant il fallait démontrer que c'était véritablement un œuf, par son passage dans la trompe, son séjour dans l'utérus et la formation de l'embryon dans son intérieur. Tel est le trait caractéristique de la découverte de R. de Graaf. Cet auteur, jeune encore, s'illustra par un ouvrage sur le suc pancréatique et les différens moyens et instrumens destinés à le recueillir. Il fut encore l'inventeur de la seringue à injections.

Regnier de Graaf fit des recherches très minutieuses, jour par jour, heure par heure, sur la gestation des lapines. Il vit l'œuf se détacher de l'ovaire, s'engager dans le pavillon de la trompe, franchir ce canal pour arriver dans la cavité utérine. Il assista, pour ainsi dire, à l'évolution du fœtus, pour démontrer que cette vésicule détachée de l'ovaire n'était point une hydatide, mais bien un véritable œuf dans lequel se développait toujours l'embryon. Cette partie de la théorie de Harvey fut renversée par cet habile observateur qui trouva le même phénomène de translation et d'évolution de l'œuf dans tous les vivipares soumis à ses expériences, mais ils furent d'accord sur l'absence de la liqueur prolifique chez les femelles. De Graaf établit de plus que le véritable rôle de la femelle était de produire l'œuf, l'œuf dont la préexistence à toute fécondation, lui paraissait incontestable! C'est à l'ovaire qu'il plaçait le véritable siége de la fécondation qui s'opérait, suivant lui, au moyen d'un fluide subtil, impondérable, d'un *aura seminalis*, fluide invisible, réduit au néant, comme on sait, par les belles expériences de Spallanzani.

Swammerdam revendiqua, d'une manière virulente, l'honneur des découvertes annoncées par de Graaf. Ce savant, célèbre par son anatomie des insectes et des petits animaux, ne craignit pas de devenir pamphlétaire et trouva par malheur un autre homme distingué par son rare mérite, qui lui riposta sans crainte, sans pudeur, sans aucun ménagement. De cette discussion, il résulte, à part les invectives, que, Swammerdam décrivit d'une manière plus complète la disposition des vaisseaux utérins, injectés par lui, pour la première fois, à l'aide de cire colorée, afin de les rendre plus sensibles (on sait qu'il transmit à Ruysch son secret pour l'art d'injecter les cadavres); et que, sans contredit, il avait observé l'œuf dans l'ovaire, se détachant après la fécondation, pour cheminer dans la trompe, et arriver à la cavité utérine où il le vit croître, se développer, contracter des adhérences vasculaires et renfermer l'embryon.

De cette longue et pénible lutte, il résulte surtout, que de Graaf mieux que son adversaire, avait suivi dans ses expérimentations, d'une manière plus régulière, toutes les phases de progression de l'œuf et de développement du germe. Il trouva la vésicule au moment de son passage dans la trompe, moins grosse que dans l'ovaire, et il en conclut, qu'après son détachement de l'organe elle devait

16

perdre quelque chose , sans préciser qu'elle était cette perte. Le fait
en lui-même est vrai , juste et facile à constater sur les lapines , animaux soumis à ses recherches.

M. Baer, dans ces derniers temps a donné le degré de précision au
fait et aux conclusions indécises de R. de Graaf , et s'est acquis l'honneur de compléter cette importante découverte. A l'exemple de cet
habile observateur, il a suivi toutes les modifications de volume
et le phénomène de translation imprimés à l'œuf par la fécondation ; depuis le moment où cet œuf se détache de l'ovaire , traverse
la trompe pour arriver , croître, se développer dans l'utérus , se greffer aux parois de ce viscère et renfermer l'embryon.

Dans le mouvement de progression de l'œuf , il a constaté que, la
vésicule dans l'ovaire n'était pas l'œuf , mais uniquement une capsule
ovarienne renfermant un liquide , variable pour la couleur , et au
milieu duquel nageait un corps globuleux , le véritable œuf; cette
capsule n'est pas un œuf emboîté dans un autre œuf comme il est facile de l'observer après la fécondation , puis qu'elle reste à l'état de
vestiges membraneux au centre du corpus luteum.

Telles sont les diverses phases de l'histoire de l'œuf des vivipares:
pour la première époque (1), caractérisée par l'étude lente, progressive
des élémens constitutifs de l'œuf, depuis Aristote jusqu'au xixe siècle :
pour la seconde époque, remarquable par le trait de génie de Harvey
qui annonça l'existence positive des œufs chez tous les êtres organisés;
enfin pour la troisième époque presque simultanée avec la seconde
par le court intervalle de temps qui les sépare , célèbre par la découverte de l'œuf dans l'ovaire faite par Stenon et Van-Horn , le passage
successif de cet œuf dans la trompe et la cavité utérine constatée par
R. de Graaf, Swammerdam , enfin par l'anatomie fine et délicate de la
vésicule ovarienne séparée par M. Baer , en œuf et capsule ovarienne.

---

(1) Le mot *époque* indique la division méthodique de l'histoire de l'œuf, adoptée dans ce
Cours ; et non pas l'ordre chronologique rigoureux des découvertes.

II. *Considérations générales sur l'Œuf des vivipares (Mammifères).*

L'étude anatomique de l'œuf des mammifères se fait dans la matrice, lorsqu'il est assez développé pour que l'on puisse apercevoir
nettement les élémens qui le forment. Dans le principe l'œuf adhère,
au moyen de villosités choriales, au plan interne de l'utérus par
simple accolement ou juxtà-position. A mesure que la grossesse
avance, ou bien il s'établit des communications vasculaires vers un
ou plusieurs points de la membrane muqueuse, points déterminés et
fixes pendant la gestation et appelés le *placenta ;* ou bien la simple adhérence du chorion à l'utérus persiste, au moyen de *cotylédons placentaires.* De cette masse spongieuse et vasculaire, unique ou disséminée
en cotylédons, s'élèvent des ramifications artérielles et veineuses qui
forment trois gros troncs vasculaires pour la composition du *cordon
ombilical,* dans la structure duquel entrent encore différentes membranes. Tels sont les élémens constitutifs de l'œuf, fort différens entre
eux, et dont nous allons donner une description générale.

A. *Membranes de l'œuf des Mammifères.*

δο'ὺτερα et ὕςερα, id est secunda et posteriora. — (Secundæ atque secundinæ
Latin. quia fœtum nascentem sequantur.)

α. *De l'Amnios.*

Ἀμνιός ex Galen. et ἀμνιόν ex aliis. *Amiculum* dicatur quod amice et proxime fœtum investiat.

Dans les animaux vivipares, l'amnios constitue toujours une poche
remplie d'un fluide variable pour la couleur, et sert d'enveloppe immédiate et de protection au fœtus. C'est une membrane blanche, diaphane, pellucide, mince, analogue aux séreuses pour sa disposition générale, quoique plus ou moins épaisse, suivant les espèces. Elle ne
renferme pas de vaisseaux dans l'épaisseur de ses parois ; toujours ils

rampent à la surface externe (1). Enveloppée par la vésicule ombilicale dans les rongeurs, elle est renfermée, chez les carnassiers et les
solipèdes, dans la double voûte des deux feuillets allantoïdiens. La vésicule allantoïde n'est en rapport que sur une face latérale de l'amnios chez les pachydermes et les ruminans, de sorte que le chorion
se trouve immédiatement appliqué sur cette membrane. Dans l'espèce humaine, le chorion entoure complétement l'amnios et se continue avec cette membrane sur le cordon ombilical.

L'amnios (2), dans les ruminans et les pachydermes, facile à isoler
du chorion dont il est séparé par un fluide glutineux, contracte
des adhérences plus intimes dans l'œuf humain ; elles sont si fortes
dans les solipèdes et les rongeurs, que le chorion se rompt avec la plus
grande facilité lorsqu'on le sépare de cette membrane. Les vésicules
allantoïde et ombilicale, plus ou moins libres à l'extrémité du cordon ombilical sont faciles, en général, à séparer de l'amnios.

β. Du Chorion, χόριον.

La membrane la plus excentrique de toutes, celle qui est destinée
à mettre en rapport l'œuf avec le plan interne de l'utérus, est le
chorion. De forme cylindroïde dans les pachydermes et les ruminans ;
ovoïde dans les rongeurs et l'espèce humaine ; elliptique chez les carnassiers ; elle paraît triangulaire sur plusieurs œufs de solipèdes soumis
à notre examen. Par son plan interne, le chorion se trouve en rapport
avec les diverses membranes de l'œuf, sauf l'amnios dans certaines
espèces.

Dans toutes les classes animales, c'est toujours une tunique dé-

---

(1) Plusieurs fois des rameaux vasculaires se sont montrés dans la duplicature de cette fine
membrane.

(2) Fabrice d'Aquapendente décrit ainsi la structure de l'amnios : « Membrana est tenuitate,
mollitie, densitate, lævore, allantoidi, valde similis : sed positione, figura et amplitudine valde
dissimilis. » Cette membrane, en effet, ressemble beaucoup à l'allantoïde pour sa texture, mais
elle en diffère essentiellement par sa position, sa forme, sa grandeur et ses usages.

polie, glabre, rugueuse, parsemée de cotylédons chez les ruminans, de disques ou petits ronds très multipliés dans les pachydermes, de houppes villeuses dans les solipèdes, et pour l'espèce humaine, les quadrumanes, les chéiroptères, les rongeurs et les carnassiers, recouverte dans un point par une large masse vasculaire. Toutes ces rugosités, à la surface externe du chorion, sont formées par les placentas dont nous exposerons l'histoire générale. Sa couleur est tantôt verdâtre, tantôt blanchâtre, tantôt enfin, grisâtre ou d'un blanc sale.

Le chorion des ruminans et des pachydermes se sépare avec la plus grande facilité de l'amnios et de la vésicule allantoïde. Un fluide visqueux, glutineux, fausses eaux de l'amnios, aide la dissection que l'on peut faciliter encore en développant avec de l'air l'amnios et l'allantoïde. La porosité du chorion rend son insufflation complétement impossible : Cependant, certaines espèces, telles que les carnasssiers et l'espèce humaine, ont un chorion qu'il est possible d'insuffler ; chez les chiens, les chats, il forme un canevas réticulaire ; dans la femme, le chorion se dilate en vaste ampoule. Le contact très faible entre le chorion et la vésicule ombilicale des rongeurs, se détruit avec la plus grande facilité.

γ. *De la Vésicule ombilicale.*

Objet d'une polémique vive, animée, soit pour sa forme, soit pour son existence, soit enfin pour ses usages chez les vertébrés vivipares, la vésicule ombilicale existe, et son rôle, depuis les travaux modernes, est bien déterminé. C'est elle qui, au principe de la gestation, lorsque l'œuf n'a pas encore contracté d'adhérence placentaire à l'utérus, sert à la nutrition du germe. Découverte par Needham (1), différenciée de l'allantoïde, qui a pour caractères essentiels de recevoir constamment l'embouchure de l'ouraque ; étudiée avec soin par les Haller, les Blumenbach, les Hufeland, elle n'offre plus de doute pour son exis-

(1) Needham, *de Format. fœtu.* Londres, 1667.

tence. Oken, le premier, a trouvé le pédicule de la vésicule ombilicale, mais il le fait rendre au cœcum, et il est clair que sur plusieurs
pièces, soumises à notre examen, ce pédicule se termine à l'intestin
grêle. Oken affirme encore que ce pédicule est creux. MM. Hochletter
et Emmerte nient l'existence de ce pédicule, et pensent que la vésicule n'a de rapport avec le fœtus que par les vaisseaux omphalo-mésentériques. Un auteur a commis une double faute lorsqu'il décrit la
vésicule ombilicale sous forme d'une membrane qui enveloppe tout le
fœtus et se prolonge à l'aide de deux appendices. Ces caractères appartiennent évidemment à l'allantoïde. Cuvier ne tarda point à s'apercevoir de cette double méprise, et traça en caractères ineffaçables les
limites des deux membranes. A la vésicule ombilicale, les vaisseaux
omphalo-mésentériques vont se rendre d'une manière constante,
tandis que l'embouchure de l'ouraque se fait toujours dans la vésicule
allantoïde.

La forme de la vésicule ombilicale, présente beaucoup de variétés,
tantôt c'est une poche oblongue (*ruminans, pachydermes*), tantôt cette
poche est triangulaire ou en T (*carnassiers*), tantôt enfin, elle prend
des dimensions plus ou moins grandes et elle est ovoïde (*homme,
rongeurs, solipèdes*). La position de cette vésicule à l'extrémité du
cordon ombilicale est constante chez tous les vertébrés vivipares.
Sa direction est parallèle à l'axe du fœtus des carnassiers, ou perpendiculaire au cordon et à l'abdomen de l'embryon de l'espèce humaine, des ruminans, des solipèdes et des pachydermes; ou bien elle
est circulaire et enveloppe tout l'œuf, comme chez les rongeurs.
La teinte jaunâtre de la vésicule domine dans toutes les espèces animales, jusqu'à ce que le germe acquiert un certain degré de développement. Alors elle disparaît, s'atrophie ou se réduit en vésicule
hydatiforme blanchâtre, lobulée chez certaines espèces; elle est fort
développée et persiste jusqu'au terme de la gestation dans les carnassiers et les rongeurs, avec cette seule différence que chez ces derniers
animaux, elle est d'un blanc pâle, comme une membrane séreuse.
Toujours en contact avec le chorion, l'amnios et l'allantoïde, la

vésicule ombilicale ne présente que de légères adhérences chez les rongeurs et les carnassiers ; elle est complètement libre de prolongemens fibro-cellulaires attachés à ces trois membranes dans les œufs des autres classes animales. Par ses extrémités, à une certaine époque de la gestation, variable suivant les espèces, la vésicule adhère cependant au chorion par un pédicule filiforme, unique ou double, nommé la *chalaze*, et à l'intestin, par un autre prolongement ou le *pédicule de la vésicule ombilicale.*

δ. De la Vésicule allantoïde. — Αλαντοειδής.

Galien lui imposa la dénomination qu'elle porte encore.

Dans les mammifères, sa conformation générale varie beaucoup ; ou bien elle est cylindroïde, avec ou sans appendices vésiculaires à ses extrémités (*ruminans, pachydermes*) ; ou bien elle est demi-sphéroïde (*rongeurs*) ; ou bien enfin elle est ovoïde (*carnassiers solipèdes*). Daubenton s'est exercé à établir la distinction de la forme ou figure de l'allantoïde dans les quadrupèdes.

Cette vésicule est située latéralement à l'amnios chez les pachydermes et les ruminans, tandis qu'elle forme une double membrane engaînante pour l'œuf des carnassiers et des solipèdes. Elle prend la place ordinaire de la vésicule ombilicale chez les rongeurs. Son existence est encore problématique dans l'espèce humaine. Le réseau vasculaire formé par les expansions des vaisseaux ombilicaux ne pénètre pas ses parois ; il s'épanouit à sa surface pour se rendre au chorion et le traverser jusqu'au plan interne de la matrice. L'allantoïde persiste à toutes les époques de la gestation et chez tous les mammifères.

Cette membrane est fermée de toutes parts, excepté à l'embouchure de l'ouraque, ouverture terminale d'un conduit membraneux qui s'étend du sommet de la vessie à la cavité allantoïdienne pour faciliter le passage du fluide excrémentitiel urinaire dans ce réceptacle. Galien vit ce passage des urines au moyen de l'ouraque (οὐραχός *sive* οὐραχὸς); mais il se trompa évidemment lorsqu'il admit la transmission du fluide dans le chorion , quand l'allantoïde n'existe pas (1).

B. *Du Cordon ombilical des Mammifères.*

Les élémens vasculaires et membraneux du cordon ombilical constituent le seul et véritable mode de connexion entre l'œuf et le fœtus. Pour se former une idée juste et complète de la disposition des *membranes de l'œuf*, en tant qu'elles sont des expansions des enveloppes du fœtus , il est indispensable de bien déterminer le plan général sur lequel se trouvent construits les animaux. Tout être organisé , appartenant au règne animal , se compose de viscères et d'enveloppes protectrices. Entre les organes et la couche membraneuse , chez les vertébrés, on trouve une charpente osseuse ou le squelette. Cette partie dense , la plus solide du corps auquel elle imprime la forme , subit de notables variations, et chez les insectes elle change de nature et se déplace pour doubler l'extérieur de l'animal par des parois résistantes. Si le squelette varie de position et se modifie , il est donc accidentel et peut disparaître; il disparaît, en effet , dans les dernières espèces animales , et les viscères se trouvent simplement protégés par des tégumens mous. Enfin, chez les derniers zoophites ou radiaires, tout vestige d'organe disparaît, et l'enveloppe tégumentaire , seule persistante , constitue l'animal.

Dans l'organisation qui se complique et se perfectionne à mesure que l'on s'élève dans le règne animal , on trouve l'image fidèle de la séparation lente, progressive , des organes du fœtus avec les diverses membranes de l'œuf qui le renferment. Dans la race humaine ,

---

(1) « Meatus est (*inquit Galen*), qui a fundo vesicæ ipsius fœtus exortus, medius incedit inter duas arterias , duasque venas umbilicum constituentes , quoad umbilicum prætergressus lotium in memoratam paulo ante tunicam αλαντοειδῆ , *id est* , intestinalem, derivet, si adest : alioqui in chorium eamdem urinam transmittit. »

celle couche tégumentaire, appliquée sur les organes, se compose de cinq couches bien distinctes qui correspondent exactement avec les membranes de l'œuf. M. Flourens a présenté un mémoire à l'Institut avec les dissections à l'appui, pour démontrer la continuité du germe avec ses membranes et fixer l'opinion des savans jusqu'alors indécise. Il a fait voir : 1º la continuité du feuillet externe de l'amnios avec l'épiderme ; 2º celle du feuillet interne amniotique avec le derme ; 3º la continuité de la première lame du chorion avec le tissu cellulaire sous-cutané abdominal ou *fascia superficialis* ; 4º celle de la deuxième lame du chorion avec l'aponévrose des muscles abdominaux ; 5º enfin, la continuité d'une lame celluleuse sous-choriale avec le péritoine.

Tous les animaux vertébrés à sang chaud possèdent aussi cinq couches membraneuses dans le cordon ombilical. Mais la disposition de continuité de ces membranes offre des variétés, en rapport avec les variétés de conformation générale des œufs, et nous les ferons connaître dans l'histoire de chaque espèce.

Dans la description comparative de la structure du cordon des différentes classes de mammifères, M. Flourens n'a pas eu pour but de faire ressortir seulement les différences qui existent entre elles ; il s'est proposé de prouver par des faits divers que l'œuf et le fœtus sont les deux parties d'un même être dont la durée vitale cependant n'est pas égale, puisqu'à une époque préfixe et déterminée, elles doivent se disjoindre en apparence, se séparer, comme deux êtres différens.

Mais cette différence tient évidemment aux recherches mal dirigées ou moins habiles des auteurs. Ne voit-on pas, en effet, tous les élémens du cordon se continuer directement de l'œuf au fœtus ? Les cinq membranes engaînantes du cordon ombilical avec les tégumens du fœtus, le pédicule de la vésicule ombilicale avec l'intestin, l'ouraque ou le canal de l'allantoïde avec la vessie, les vaisseaux omphalo-mésentériques de l'œuf avec les vaisseaux mésentériques du fœtus, enfin, les vaisseaux placentaires avec les vaisseaux ombilicaux !

Les élémens vasculaires, outre qu'ils établissent la connexion entre le fœtus et l'œuf d'une manière évidente, incontestable et qui ne saurait être contestée, servent encore de moyens de communication entre la mère et le fœtus, comme l'histoire générale du placenta dans les mammifères nous le démontre.

C. *Du Placenta des Mammifères.*

Les vaisseaux ombilicaux des mammifères se divisent en capillaires rameux qui percent de toutes parts le chorion pour se mettre en rapport avec le plan interne de l'utérus (1). Ces développemens vasculaires en dehors de la membrane la plus excentrique de l'œuf, reçoivent le nom générique de *placentas*. Les ovipares n'ont pas de semblables expansions artérielles et veineuses qui traversent le chorion : cette disposition anatomique est spéciale à l'œuf des mammifères, et le placenta est un caractère inhérent à la viviparité. Ceux-là seuls, en effet, parmi les animaux qui croissent et vivent dans l'organe maternel, devaient jeter des racines pour puiser les sucs nécessaires à leur développement, leur nutrition, leur existence.

Naguères encore la science était indécise sur le véritable mode de connexion entre le fœtus et sa mère. Des savans du premier ordre admettaient une communication directe entre les vaisseaux ombilicaux et utérins, de sorte que le sang de la mère circulait dans les organes du fœtus comme dans toutes les autres parties de la mécanique animale. Le fœtus constituant ainsi dans sa totalité un organe surajouté aux organes de la mère, paraissait un phénomène inad-

---

(1) « *Conjunctio chorii cum utero.* — Chorion seu vasa umbilicalia per chorion dispersa duobus modis applicari possunt. Uno, *si vasorum umbilicalium fines mutuis osculis cum finibus venarum uteri jungantur* : Alio modo, *si eorumdem vasorum fines* in carnosam substantiam dispersi, in ipsam *veluti radices plantarum in terram*, terminentur, et in nihilum dispergantur. Primæ opinionis fuit tota antiquitas ; secundæ vero solus Arantius ». Fabr. d'Aquap., *Opera omnia Anat.*, p. 42.

missible à des hommes d'un talent supérieur. Ces deux opinions diamétralement opposées, comptaient l'une et l'autre, en leur faveur, des
recherches habiles, des faits authentiques, des raisons puissantes.
Telle était même la force des faits, l'autorité des expériences et de
ses propres recherches, que M. Flourens, dans le cours de l'an dernier, envisageant un seul côté de la question, à l'exemple des savans
qui l'avaient précédé, avait conclu pour l'absence totale de communication du sang entre les vaisseaux utérins et ombilicaux. Mais un
esprit juste qui s'égare, lorsqu'il observe les faits sans les torturer,
pour les faire entrer dans un cadre tout formé à l'avance, arrive tôt
ou tard à découvrir la vérité. Après de nombreuses expériences, faciles à reproduire chez tous les animaux vertébrés mammifères, le
professeur pénétra la véritable cause de la divergence d'opinions des
anatomistes, et traça les véritables limites de jonction entre la mère
et le petit dans ces classes élevées de l'échelle animale.

M. Flourens partage les mammifères en deux grandes classes ; l'une,
dans laquelle la communication vasculaire est évidente, renferme les
animaux à *placenta unique*, tels que l'homme, les rongeurs et les
carnassiers; l'autre classe, objet principal de ses recherches antérieures,
contient les pachydermes, les solipèdes et les ruminans, animaux à
placenta multiple et chez lesquels on ne voit aucune trace de continuité vasculaire, soit du fœtus à la mère, soit des vaisseaux utérins et
ombilicaux. Cette classification générale, établie solidement par des
faits qui prouvent tantôt l'existence, tantôt la non existence de communication entre les vaisseaux du petit et de la mère, sert à expliquer
les opinions divergentes, en apparence, des auteurs qui admettent ou
rejettent la circulation directe des vaisseaux utérins aux canaux sanguins du fœtus. La faute, jusqu'à ce jour, résidait dans la promptitude de l'esprit à généraliser des faits observés sur une seule classe
d'animaux.

Lorsque le *placenta* est *unique*, il se présente sous l'aspect d'une
masse volumineuse, aréolaire et spongieuse, dans laquelle les vaisseaux
ombilicaux se ramifient en capillaires d'une ténuité extrême. (Tel

est le cas de l'homme, du singe, des chéiroptères, des rongeurs et
et des carnassiers.) Un nombre variable de ces terminaisons artérielles et veineuses, pénètrent dans les parois utérines et se continuent
directement avec les vaisseaux utérins ; ces ramifications constituent
les *vaisseaux utéro-placentaires*, variables pour la quantité et le volume dans les différentes classes d'animaux, très développés chez les
rongeurs et l'homme, plus délicats dans les carnassiers. On a présenté et soumis à l'examen de l'auditoire des pièces où ces vaisseaux
étaient injectés, ainsi que ceux de la mère et du fœtus. Les cotylédons
disséminés à la surface du chorion des ruminans, les disques vasculeux
des pachydermes, ainsi que le velouté ou espèce de peau de chagrin
de cette membrane chez les solipèdes, forment les placentas multiples
en rapport avec des tubercules particuliers de la matrice. La forme
du placenta est donc très variable suivant les espèces.

Chaque placenta unique ou multiple est double, quant à sa disposition générale; l'un se nomme le *placenta fœtal*, l'autre le *placenta utérin*. Ce dernier paraît subsister dans certaines espèces hors
le temps de la gestation; mais, suivant la règle commune, il ne se
développe que sous l'influence de la fécondation pour permettre à
l'œuf de se greffer; c'est en quelque sorte un organe de la mère qui
va au devant d'un organe fœtal pour lui confier les élémens nutritifs,
la chaleur, la vie.

Toutefois, l'homme, le rongeur, le carnassier, reçoivent directement le fluide sanguin de la mère pour servir à leur développement,
et le placenta se trouve circonscrit, parce qu'il porte au fœtus le sang
maternel, élément nutritif par excellence. Cet organe se subdivise
en nombreux cotylédons dans les autres espèces pour multiplier les
points de contact, les centres d'action nutritifs et respiratoires, indispensables à l'accroissement et à l'existence du fœtus. Il résulte de
cette disposition anatomique une véritable compensation; car le nombre supplée au volume, et l'étendue de la surface d'action à l'énergie
circonscrite de la fonction.

Les fines injections mettent en évidence la structure intime du placenta. Lorsque la surface du chorion est toute hérissée de villosités, si l'on'injecte, on trouve que chaque villosité choriale se compose d'une artériole et de deux veinules. Ces villosités se réunissent en plaques, en houppes, et celles-ci en cotylédons. Le placenta multiple résulte de cotylédons séparés, tandis que le placenta unique est formé par la concentration de tous les cotylédons. Un placenta, quel qu'il soit, à son origine primitive comme à l'époque de la parturition, se compose donc de villosités choriales, dernières ramifications des vaisseaux ombilicaux. Si l'on sépare le placenta fœtal du placenta utérin chez l'homme, le rongeur et le carnassier, il s'écoule du sang par la rupture des vaisseaux placentaires. La même opération, pratiquée avec soin dans les ruminans, les solipèdes et les rongeurs, ne donne lieu à aucune trace d'écoulement rouge sanguin ; il sort au contraire du placenta utérin un liquide blanchâtre, lactescent, semblable à celui qui humecte toute la surface du chorion de ces espèces animales.

ARTICLE PREMIER.

DE L'OEUF HUMAIN (Pl. III).

Dans la race humaine, le produit tout entier de la conception s'appelle *œuf*, de même que chez les animaux. Une division naturelle de l'œuf facilite l'étude de ses élémens vasculaires et membraneux, élémens ou prolongations d'organes du fœtus, indispensables à son existence durant la vie intra-utérine. Cette division consiste à décrire tour-à-tour les membranes caduque, chorion, amnios, ombilicale, allantoïde ; le cordon des vaisseaux ombilicaux et le placenta.

α. De la Membrane caduque (Fig. 1).

Synonymie. — Chorion velouté de Ruysch, chorion de Haller, chorion spongieux, réticulaire, tomenteux, filamenteux de plusieurs auteurs ; M. Anhyste de Velpeau ; M. decidua de Hunter,

Sandifort ; épichorion de Chaussier ; M. cribrosa, mucosa, exochorion, etc., etc. De tous ces noms synonymes, le plus vicieux, celui de *M. caduque*, imposé par Hunter, est généralement adopté ; cette membrane, en effet, ne s'exfolie pas, elle n'est pas caduque, puisqu'elle persiste jusqu'à la fin de la gestation.

Les rudimens albumino-fibrineux de la membrane caduque, apparaissent sous l'influence de l'action stimulante du sperme; ils se réunissent en pseudo-membrane, qui tapisse déjà les parois utérines avant la descente de l'œuf, comme le prouve sa formation dans les grossesses tubaires, ovariques, interstitielles et abdominales.

A son origine de formation, cette membrane d'un tissu séro-albumineux, est immédiatement en rapport dans tous ses points avec le plan interne de l'utérus ; elle bouche exactement les orifices internes des trompes de Fallope et le col de l'utérus. Sa cavité, dont les parois sont contiguës, renferme un fluide blanchâtre, séreux, dans lequel nagent des flocons de lymphe plastique, coagulable.

Lorsque l'œuf qui chemine dans la trompe est sur le point de pénétrer dans la cavité utérine, il survient des modifications très curieuses dans la disposition générale de cette membrane. L'œuf pour arriver dans la matrice, refoule devant lui la portion de la membrane qui bouche l'orifice de la trompe. Une fois qu'il a franchi cet orifice, il se glisse entre la membrane caduque et la tunique muqueuse de l'utérus, et vient se fixer sur un des points du plan interne de cet organe, tantôt à la face antérieure, tantôt à la face postérieure, tantôt enfin, sur les parois latérales ou sur le col ; mais le plus souvent vers le fond, et non loin de l'orifice des trompes de Fallope.

L'œuf fixé, contracte une double adhérence, avec l'utérus d'une part ; avec la membrane caduque d'autre part : cette membrane subit de notables changemens et joue le rôle d'une tunique séreuse par rapport à l'œuf, car elle le renferme dans un double feuillet membraneux sans le contenir dans sa propre cavité. A mesure donc que l'œuf, greffé aux parois, augmente de volume, il déprime d'une manière graduelle le feuillet qu'il avait refoulé à son arrivée, et de telle sorte qu'il l'éloigne et le détache de plus en plus de la matrice , pour s'en revêtir et se former une nouvelle capsule ou tunique membraneuse. Cette partie de la caduque (Fig. I, B), refoulée , repoussée par l'œuf qu'elle entoure , excepté au point où il est adhérent par le placenta, constitue le *feuillet réfléchi* (*membrana reflexa*), tandis que toute cette portion de la membrane (Fig. I, A) qui reste toujours adjacente aux parois utérines s'appelle le *feuillet direct* (*membrana decidua propria de* Hunter).

L'organisation de la membrane caduque se fait sur le même plan que toutes les concrétions membraniformes accidentelles. Lorsque la matrice est imprégnée après la fécondation , elle sécrète par son plan interne une matière plastique coagulable , couenneuse , ou fibro-albumineuse ; qui s'organise en pseudo-membrane. Les fines injections pénétrent les vaisseaux de la membrane caduque , comme nous avons été à même de l'expérimenter.

Si l'œuf arrivait directement dans la cavité utérine, le moindre choc, la moindre impulsion communiquée à l'organe suffirait pour briser ce fragile produit. Un premier usage de la caduque , est donc de protéger l'œuf, en le fixant aux parois utérines. La coquille des ovipares n'a pas d'autre objet que de s'opposer aussi aux violences externes , qui environnent l'œuf. On conçoit encore que si , à l'époque de l'accouchement , l'œuf adhérait de tous côtés à l'utérus , il surviendrait de vastes déchiremens et des hémorragies promptement mortelles , tandis que la faible union de la caduque permet à cette membrane une exfoliation presque insensible. Elle peut bien encore avoir pour effet de s'opposer à la superfétation.

De 1730 à 1740 , Haller fit connaître un tissu cellulaire, qui se trouve entre l'œuf et la mère. Hunter , en 1774 développa cette structure d'une manière plus étendue; il décrivit les deux feuillets , direct et réfléchi , et ses planches gravées avec soin seraient exemptes de tout blâme s'il n'avait représenté des ouvertures à cette membrane au niveau des orifices des trompes de Fallope et du col utérin.

MM. Moreau , Breschet et Velpeau se sont occupés , dans ces derniers temps, à compléter l'histoire anatomique de la membrane caduque (1).

β. Du Chorion (Fig. 2 et 3).

Synonymie. — χόριον, Aristote ; — χωριον, Galien ; — Membrane de Haller ; — Endochorion, etc., etc.

La plus externe des membranes de l'œuf, celle qui enveloppe toutes les autres, le chorion, répond à la membrane de la coque des ovipares, elle établit la communication entre les systèmes vasculaires du fœtus et de la mère.

La surface externe du chorion, tomenteuse, toute hérissée de petites villosités rameuses et vasculaires, çà et là, groupées en houppes très déliées, d'un petit volume, et souvent pédiculées, adhère à toute la membrane caduque refléchie et jette au principe de la gestation plusieurs rameaux vasculeux dans l'épaisseur de la membrane muqueuse. Ces premiers rudimens d'adhérence entre les villosités choriales et la tunique interne de l'utérus, forment les premiers vestiges du placenta. Ces prolongemens artériels et veineux du cordon ombilical ou villosités du chorion s'atrophient et s'engrainent dans toute l'étendue du feuillet réfléchi de la membrane caduque et persistent sous forme de longs filamens fibreux jusqu'à l'époque de l'accouchement, de sorte que par la dissection de ce feuillet et du chorion, on trouve avec facilité ces filamens fins, déliés, traces constantes des houppes villeuses.

Une trame lâche, à vastes aréoles, comme l'arachnoïde, fait adhérer la surface externe de l'amnios avec la surface interne du chorion. Entre ces deux feuillets et dans les mailles du tissu aréolaire qui les sépare, il existe pendant les premiers mois de la conception, un intervalle qui

(1) Mon excellent maître, M. le professeur Moreau, a publié, jeune encore, une thèse fort remarquable (*Essai sur la Membrane caduque*, 1814) sur ce sujet. (*N. du R.*)

renferme les *fausses eaux de l'amnios*; liquide séreux dont l'absorption s'opère d'une manière graduelle. Cependant, il n'est pas rare de voir le chorion se rompre à une certaine époque de la grossesse et laisser écouler les fausses eaux, phénomène qui pourrait en imposer pour le travail de l'accouchement. A la fin de la parturition, cette membrane, transparente, fine, incolore, tapisse la face fœtale du placenta et se continue au moyen du double feuillet dont elle est formée sur le cordon ombilical. Les vaisseaux ombilicaux se rendent évidemment au chorion; le plus grand nombre le traverse et quelques-uns s'épanouissent en ramuscules dans l'épaisseur de cette membrane. On n'y trouve aucun vestige de filets nerveux et de vaisseaux lymphatiques.

γ. De l'Amnios.

La membrane de l'œuf la plus intérieure, celle qui renferme immédiatement le fœtus dans sa cavité, s'appelle *amnios*. Toute sa surface externe se trouve en rapport avec le chorion. Au début de la grossesse, un intervalle rempli par les fausses eaux de l'amnios, sépare ces deux membranes, mais au terme ordinaire des accouchemens, l'amnios adhère dans toute son étendue au chorion par des prolongemens mous, glutineux, dont l'abondance et la consistance sont fort variables. Cette adhérence est très faible et facile à détruire par les moindres tractions des deux membranes en sens contraire; mais on les sépare avec moins de facilité sur la face fœtale du placenta qu'elles tapissent. Ce n'est même qu'avec beaucoup de soin qu'il est permis de suivre leur rapport de superposition jusqu'aux parois abdominales du fœtus.

La surface interne de l'amnios sécrète ou exhale un liquide plus ou moins abondant, soit par rapport aux différences individuelles, soit relativement aux divers temps de la gestation, et dans ce fluide amniotique, renfermé dans cette poche ou cavité interne de l'amnios, baigne le fœtus, suspendu par le cordon ombilical. Ce liquide est diaphane, incolore ou légèrement jaune dans le principe, à mesure

18

que l'œuf se développe, il devient lactescent, légèrement visqueux, et des flocons blanchâtres, fragmens du vernis caséeux de l'enveloppe cutanée du fœtus se détachent et troublent la transparence du fluide. Il a une saveur fade, douceâtre, ou légèrement saline. Son odeur ressemble à celle de la sérosité. Vauquelin trouve l'eau de l'amnios composée de : eau, 98,8 ; albumine, phosphate de chaux, chaux, hydrochlorate de soude, soude 1, 2. M. Berzélius y trouve de l'acide hydrophtorique, etc. La quantité des eaux de l'amnios, très consirable au commencement de la gestation, diminue peu à peu jusqu'au terme de l'accouchement, alors le fluide amniotique peut être évalué à une livre environ.

La membrane amnios est fine, très délicate, transparente, et n'offre aucune trace de villosités. Elle conserve toujours sa diaphanéité, prend plus de force et de consistance à mesure que l'œuf acquiert de volume. Il n'entre pas de vaisseaux, de nerfs dans cette trame celluleuse perspirable. Desséchée, cette membrane a une teinte nacrée, opaline, et offre assez de résistance.

L'amnios a pour usage d'isoler le fœtus de ses enveloppes, de faciliter ses mouvemens, ses déplacemens, pour le soustraire aux chocs des corps vulnérans : lorsqu'une partie de cette membrane, au moment de la parturition, forme la poche des eaux avec le chorion et le feuillet réfléchi de la caduque, elle sert à dilater uniformément le col de l'utérus, et par sa rupture à lubrifier les parois du conduit vulvo-utérin et la vulve, à l'aide du fluide amniotique.

3. De la Vésicule ombilicale.

Synonymie. — Vitellus ; membrane vitelline ; vésicule vitellaire, membrane du jaune ; vésicule intestinale, etc. ; etc.

La vésicule ombilicale très peu développée n'existe que dans les premiers temps de la grossesse. Elle se présente sous la forme d'une petite poche ovoïde pédiculée, qui adhère au chorion par un petit prolongement chalazifère, et à la portion iléon de l'intestin par un se-

(139)

cond pédicule situé à l'extrémité du cordon ombilical ; elle se loge sur la face fœtale du placenta, entre le chorion et l'amnios.

Cette membrane grenue, assez dense, renferme un liquide jaunâtre, et reçoit les vaisseaux omphalo-mésentériques ; elle a pour usage de servir à la nutrition du fœtus, au principe de la grossesse. Elle s'atrophie et disparaît vers le deuxième ou troisième mois après la conception. Nous l'avons trouvée deux fois, au terme de l'accouchement, persistante et dans sa situation naturelle : ses parois étaient jaunâtres, grenues et faciles à écarter par l'insufflation, sous forme d'une vésicule de la grosseur d'une noisette.

ι. De la Vésicule allantoïde (1).

L'existence de cette membrane est encore problématique chez l'homme ! Les anatomistes ne s'accordent pas sur sa position, sa forme et ses usages : or, l'incertitude pour l'existence matérielle d'un fait, prouve que ce fait exige encore une démonstration rigoureuse. Aucune de nos pièces d'ovologie ne contient ou ne paraît contenir d'allantoïde suivant la description donnée par les auteurs. Toutefois, chez un jeune fœtus, il est possible de suivre et de cathétériser le canal de l'ouraque depuis la vessie jusque dans l'épaisseur du cordon ombilical. Tels sont les élémens constitutifs membraneux de l'œuf humain.

ζ. Du Cordon ombilical (funiculus umbilicalis).

Un faisceau vasculaire et membraneux, étendu de l'abdomen du fœtus à ses enveloppes, se nomme *cordon ombilical* : ce faisceau intermédiaire entre l'œuf et le fœtus, leur sert d'étroite alliance durant

(1) A. Spigel s'exprime ainsi sur la structure, la position et l'usage de la vésicule allantoïde de l'homme : « Est autem allantois membrana tennissima, alba, mollis, in homine veluti in ovillo fœtu, exiguis admodum venis, et arteriolis, ad nutrimentum, prædita, inter chorion et amnion media, ea tantum parte tota conclusa, qua placenta cooperitur, connectitur cùm meatu uracho dicto, perquem, et vesica urinam suscipit ; hujusque munus est, urinam fœtus a sudore separatam conservare. » (*De Formato fœtu*, 1626.).

toute l'époque de la gestation, et témoigne en faveur de leur mutuelle dépendance.

Le mode de connexion des membranes du cordon ombilical, prolongemens de celles de l'œuf, avec les différentes couches membraneuses de l'abdomen de l'embryon, était encore vague, indécis, lorsque M. Flourens démontra que la gaîne du cordon se divise en cinq feuillets celluleux, pour se continuer avec les cinq couches des parois abdominales; l'amnios formant deux lames, l'une pour l'épiderme, l'autre pour le derme; le chorion, prolongé sur le cordon au-dessous de l'amnios, se partageant aussi en deux feuillets, un pour le fascia superficialis, l'autre continu à l'aponévrose des muscles abdominaux; enfin une cinquième lame sous-choriale prolongée sans trace de division avec le péritoine. Dans l'intérieur de cette gaîne, on trouve le canal de l'ouraque se dirigeant vers la vessie, la vésicule ombilicale dont le pédicule va s'insérer à l'intestin grêle, et les élémens vasculaires, omphalo-mésentériques et ombilicaux.

Des radicules veineuses primitives naissent de tous les cotylédons placentaires, s'anastomosent mille et mille fois entre elles et se réunissent en rameaux, ces rameaux en branches veineuses, très grosses à la face fœtale du placenta; enfin ces branches forment un large réseau qui donne naissance à un tronc veineux unique très volumineux, et appelé *veine ombilicale.* Née du placenta, cette veine traverse le cordon, l'anneau ombilical, se sépare des autres élémens qui l'accompagnent, pour se placer seule dans l'épaisseur de la grande faux-péritonéale, jusqu'à la scissure antéro-postérieure du foie, où elle se divise en deux branches principales; l'une, qui va se jeter dans le sinus de la veine-porte; l'autre, continue la direction du vaissseau et sous le nom de *canal veineux,* se rend dans la veine-cave inférieure. Un nombre variable de petits rameaux naissent de la portion hépatique de la veine ombilicale et se ramifient, soit avec les veines sus-hépatiques, soit avec les ramifications de la veine-porte. La veine ombilicale n'a pas de valvules dans toute son étendue, excepté à son embouchure; elle verse le sang dans la veine-cave inférieure, un peu au-dessous du

diaphragme , lorsque cette veine est sur le point d'entrer dans l'oreillette droite du cœur.

Les *artères ombilicales*, au nombre de deux , naissent des artères
iliaques internes ou hypogastriques , remontent sur les deux parties
latérales de la vessie, convergent l'une vers l'autre pour se placer, de
chaque côté de l'ouraque , derrière le péritoine et au-devant de la face
postérieure de la paroi abdominale antérieure : parvenues à l'ombilic , elles franchissent cette ouverture avec la veine ombilicale et les
autres élémens du cordon , arrivent à la face fœtale du placenta ,
communiquent pour la première fois entre elles par une large branche , et bientôt elles se divisent en rameaux et ramuscules qui vont
contribuer, par leurs anastomoses multiples , à la formation des cotylédons placentaires.

Dans les premiers mois de la vie intra-utérine , on trouve l'artère
omphalo-mésentérique qui naît de l'artère mésentérique supérieure ;
la veine *omphalo-mésentérique* provient de l'une ou l'autre veine mé-
saraïque ou de la veine-porte. Ces deux petits vaisseaux capillaires ,
logés entre les circonvolutions intestinales, arrivent à l'ombilic, traversent le cordon et se ramifient sur la vésicule ombilicale.

Ces élémens vasculeux , l'ouraque et le pédicule de la vésicule vitelline sont entourés par une matière gélatiniforme, visqueuse, demi-
concrète et considérée par Warthon comme de la gélatine. La *gélatine
de Warthon* sépare mollement les conduits sanguins, les accompagne
jusque dans le placenta , et se porte vers les parois abdominales du
fœtus sans servir à sa nutrition.

Dans le principe, le cordon ombilical est évasé à l'ombilic et permet
aux intestins de venir se placer dans son épaisseur; à mesure que la
grossesse avance , il s'isole de plus en plus de l'œuf par un bourrelet
circulaire qui dégénère en cicatrice profonde dix ou douze jours après
la naissance , lors de la chute du cordon.

La forme, le volume de ce faisceau et sa disposition générale sont
très variables. Il ne faut pas oublier cette torsion mécanique imprimée
à tous les vaisseaux du cordon , de sorte qu'ils s'enroulent en spirales ;

ces nœuds lâches formés sur son trajet, et jamais assez serrés pour suspendre la circulation, enfin ces enlacemens du cordon ombilical autour des membres, du tronc ou du col du fœtus.

Du Placenta humain.

Au principe de la gestation, des villosités artérielles et veineuses hérissent de toutes parts le chorion ou la surface externe de l'œuf. Toutes les villosités choriales en rapport avec le feuillet réfléchi de la membrane caduque, se flétrissent et dégénèrent en prolongemens fibreux et fibrillaires ; tandis que les rameaux villeux du chorion, en contact avec la tunique muqueuse de l'utérus, se développent, pénètrent cet organe et se font jour dans les vaisseaux de la matrice pour établir la communication directe du sang de la mère et des vaisseaux ombilicaux.

Lorsqu'il est formé, le placenta se présente sous forme d'une masse rougeâtre circulaire ou elliptique, molle, vasculeuse, limitée par la membrane caduque directe, et formée essentiellement par les vaisseaux ombilicaux qui ont traversé le chorion. Une de ses faces, lisse, unie, tapissée par les membranes de l'œuf en rapport avec le fœtus, et parsemée de gros troncs vasculaires ombilicaux, se nomme *face fœtale* ; l'autre face du placenta, chagrinée, rugueuse, séparée par de profondes scissures et des saillies cotylédonaires, variables pour le nombre et le volume, se nomme *face utérine*. Elle est tapissée, peu après les premiers temps de la grossesse, par une membrane caduque secondine ou de nouvelle formation ; qui sert à isoler les cotylédons de la muqueuse utérine dans tous les points où il n'existe pas de vaisseaux utéro-placentaires. Cette membrane caduque de seconde formation se termine et se confond, avec la caduque primitive, à la circonférence du placenta : ces deux membranes ont complétement la même structure et les mêmes usages.

Les vaisseaux *utéro-placentaires* qui naissent à la face utérine du placenta sont formés par les villosités choriales qui ont pénétré dans

le parenchyme utérin pour s'aboucher avec les vaisseaux de cet organe par certains points fixes, déterminés, et non pas dans toute la
surface du placenta en rapport avec l'utérus. Cet ordre de vaisseaux,
tour-à-tour nié et reconnu, existe ; et nous avons été à même de les
injecter et de les observer sous forme de petits canaux variables en
grosseur, et qui deviennent capillaires à la fin de la grossesse.

Les dimensions de la masse placentaire varient suivant les temps de
la gestation. A l'époque de son entier développement, cet organe
temporaire, et qui sert d'intermédiaire entre l'œuf et l'utérus, n'occupe que le tiers ou le quart de la périphérie des membranes : ses
diamètres sont de sept à huit pouces ; son épaisseur au centre, près
l'insertion du cordon, est d'un pouce et plus, et sa circonférence,
mince, inégale, a de vingt-deux à vingt-quatre pouces.

On nomme *placenta en raquette* cette conformation particulière
dans laquelle le cordon ombilical s'insère sur un des points de la circonférence, au lieu d'occuper le centre. Il est *circulaire* en parasol ou
en masses cotylédonaires, lorsque le cordon ombilical s'implante au
centre, ou se partage pour se diviser dans des masses spongieuses
écartées, quoique toujours à une petite distance.

Dans les grossesses, doubles ou triples, on trouve pour chaque
fœtus des membranes et un placenta. Les masses spongieuses peuvent
bien se réunir, s'accoler, mais elles ne communiquent pas entre elles
comme le prouvent les injections.

L'étude anatomico-physiologique du placenta se termine au moyen
des injections. Si l'on pousse des injections fines par les vaisseaux
ombilicaux, on observe deux phénomènes différens : 1° la communication directe des artères ombilicales avec la veine du même nom,
et réciproquement de la veine avec les artères ombilicales; 2° le passage d'une partie de la matière à injection dans les veines et les artères utérines, au moyen des vaisseaux utéro-placentaires. Si l'on injecte un placenta après la délivrance, le fluide se perd à la surface
des cotylédons par les lumières divisées des vaisseaux utéro-placentaires. Les hémorragies qui surviennent après l'accouchement n'ont pas

d'autre origine que la rupture de ces canaux intermédiaires par le détachement du placenta et leurs ouvertures restées béantes. L'injection, poussée par les vaisseaux de la mère, traverse les vaisseaux utéro-placentaires, et arrive dans le placenta et les vaisseaux ombilicaux.

Les divisions et les subdivisions multiples des artères et des veines ombilicales s'anastomosent un grand nombre de fois entre elles et forment les cotylédons placentaires qui communiquent tous entre eux dans le plus grand nombre des circonstances, quoiqu'en ait dit Wrisberg qui soutenait l'isolement complet des lobes placentaires. Toutes ces ramifications vasculaires sont soutenues par un tissu cellulaire et des filamens blancs comme fibreux, qui résultent sans doute de vaisseaux sanguins oblitérés. L'existence de nerfs, de vaisseaux lymphatiques dans la structure du placenta mérite de nouvelles recherches.

Les rapports entre toutes les parties constitutives de l'œuf humain et le fœtus sont très variables aux différentes époques de la gestation. D'après une moyenne proportionnelle, prise chez les auteurs les plus célèbres, le poids total des enveloppes est supérieur à la pesanteur spécifique du germe jusqu'au troisième mois de la gestation, et à partir de cette époque, il survient des proportions inverses, le fœtus domine par son poids toutes ses enveloppes. La comparaison que l'on peut établir entre le délivre et le fœtus, à l'époque de l'accouchement, est :: 1 : 8.

ARTICLE II.

DE L'ŒUF DES PACHYDERMES (Pl. IV).

Les élémens constitutifs de l'œuf des pachydermes sont, comme dans l'espèce humaine, vasculaires et membraneux.

Au premier aspect, il semble que le *chorion* (Fig. I, ᴀᴀ) soit commun à tous les œufs par les enlacemens des extrémités des membranes allantoïde et chorion : des tractions ménagées séparent tous les œufs

les uns des autres. Le chorion , membrane la plus excentrique , est
opaque ; assez épaisse , d'une couleur rouge obscur lorsque les vaisseaux ombilicaux qui s'y rendent sont gorgés de sang. Sa face externe,
contiguë au plan interne de l'utérus, est rugueuse , âpre au toucher ,
enduite d'une matière blanchâtre comme farineuse, et parsemée d'une
foule de petits disques. Sa face interne recouvre l'allantoïde dans
presque toute son étendue, l'amnios, la vésicule ombilicale. Une
couche [de matière glutineuse, colloïde , est placée entre ces membranes et facilite leur isolement ; cette matière représente les fausses
eaux de l'amnios. Le chorion est plus épais au milieu de l'œuf que vers
ses extrémités où il se raréfie à mesure que les petits disques deviennent plus rares. Cette membrane spongieuse, facile à déchirer, ne
peut être développée par l'insufflation, à cause de sa porosité. Elle
paraît donc essentiellement spongieuse et perspirable.

L'*amnios* (Fig. I , в) est une poche membraneuse blanche , diaphane , pellucide. Sa face externe est en rapport avec la vésicule
ombilicale , l'allantoïde et le chorion. Les parois de sa face interne
sont écartées par le fluide amniotique dans lequel baigne le fœtus.
Quoique fort mince , on peut diviser cette membrane en deux
feuillets.

Située à l'extrémité du cordon ombilical , d'une manière constante ,
la *vésicule ombilicale* (Fig. I, c) est perpendiculaire à l'abdomen de
l'embryon. Dans le principe de la gestation , sa couleur est jaunâtre.
Sa face externe est rugueuse et plissée , contiguë à l'allantoïde , à
l'amnios , et donnant naissance à un pédicule sinueux , creux, filiforme que l'on peut injecter , et qui , sous forme de chalaze , va
se fixer au chorion; et par un autre pédicule, creux aussi, la vésicule ombilicale se prolonge avec les élémens du cordon, pour aller
se joindre au tube intestinal. Sa face interne est rugueuse ; grenue ,
jaunâtre. On peut insuffler cette membrane pour la développer : son
volume alors égale celui d'une noisette. Lorsqu'elle s'atrophie , elle
devient blanchâtre , ou se termine par un tubercule noirâtre bilobé
ou trilobulaire.

19

La *vésicule allantoïde* (Fig. I, D), membrane cylindroïde, blanche, translucide, a souvent sa diaphanéité légèrement troublée par les réseaux capillaires sanguins qui s'appliquent à sa superficie pour se rendre au chorion. Aux deux extrémités du cylindre membraneux qu'elle forme, l'allantoïde perce le chorion et se termine par deux appendices ou cœcums de la grosseur d'un œuf de poule (Fig. I, EE).

Tapissée dans toute son étendue par le chorion, sa face externe est en rapport latéralement avec l'amnios et la vésicule ombilicale. Sa face interne est lisse, unie et forme une cavité qui offre trois ouvertures, dont deux latérales communiquent au point de jonction avec les deux appendices par des orifices étranglés, rétrécis comme l'ouverture circulaire et plissée d'une bourse ; l'autre orifice est l'embouchure de l'ouraque, qui se fait tantôt par une large ouverture, tantôt par une simple fissure valvulaire ayant quelque analogie avec le mode de terminaison des uretères dans la vessie.

Dans les pachydermes (Ex. : *cochons*), on trouve déjà un point d'ovologie capable de donner quelques notions exactes sur le rôle de l'allantoïde : car, cette poche renferme un fluide jaunâtre plus ou moins louche, excrémentitiel, toutefois sans odeur urineuse, et passant avec facilité par l'ouraque de la vessie dans la vésicule, et réciproquement : en effet, il est possible de faire pénétrer des injections ou de l'air, soit de la vessie dans l'allantoïde, soit de cette membrane dans le réservoir urinaire. L'allantoïde ne contient pas de vaisseaux dans l'épaisseur de ses parois. On peut la diviser en plusieurs feuillets.

Cordon ombilical (Fig. I, F, et fig. II). Il existe, comme chez tous les mammifères ; sa longueur et son volume varient beaucoup. Le chorion ne fournit pas de membrane engaînante aux élémens vasculaires. La continuité entre les membranes de l'œuf et les parois abdominales subit une modification. L'amnios se continue encore avec l'épiderme et le derme ; mais il y a trois couches celluleuses sous-amniotiques qui répondent, l'une au fascia superficialis, l'autre à l'aponévrose des muscles abdominaux et la troisième au péritoine. L'origine et le trajet des autres élémens du cordon se fait comme dans l'œuf humain.

Du Placenta multiple (Fig. I , ʜʜ). Les ramifications terminales des vaisseaux ombilicaux ne sont plus limitées et circonscrites ; elles s'irradient en tous sens et percent le chorion, sous forme de villosités qui occupent le centre, d'une foule de petits disques blancs : petits disques en nombre infini, souvent peu marqués au principe de la gestation. Ils représentent une des variétés des placentas multiples. La membrane muqueuse de l'utérus est parsemée de petites facettes blanchâtres qui correspondent à ces petits disques. Ces petites plaques, faciles à isoler du chorion, sont les placentas utérins.

ARTICLE III.

DE L'ŒUF DES RUMINANS (Pl. V).

L'œuf des ruminans se trouve à peu près construit sur le même plan que l'œuf des pachydermes, soit pour la disposition générale des membranes, soit pour la distribution, l'origine et le trajet des vaisseaux ombilicaux et omphalo-mésentériques (Fig. 4, ᴀ, ꜰ, ʙ); il n'y a de dissemblable que quelques circonstances de texture par rapport au chorion.

Dans les brebis et les vaches (*ruminans*) (Fig. I , ᴀ), toute la périphérie du chorion, membrane opaque, glabre, dépolie, est parsemée de houppes villeuses qui forment de petites masses elliptiques plus ou moins larges, suivant les espèces et le temps de la gestation. A mesure que la grossesse avance, ces villosités réunies, groupées ainsi, s'allongent et pénètrent dans des petites cavités correspondantes de la matrice. Toute la face externe de la membrane qui n'est pas hérissée de ces plaques vasculaires, est rugueuse, striée et blanchâtre, recouverte par un enduit blanc, comme farineux et humide.

L'*amnios* (Fig. I, c) est une membrane mince, pellucide, diaphane : elle renferme le fœtus dans sa cavité, ainsi que le fluide amniotique dans lequel nagent quelques flocons d'une matière particulière. Chez les brebis, la face interne de l'amnios est toute hérissée de saillies granuleuses, rugueuses au toucher.

Analogue par sa position, sa grosseur, sa forme et sa couleur (Fig. I, ᴇ), à celle des pachydermes, la vésicule *ombilicale* présente sur plusieurs pièces, et bien distinctement, le pédicule qui se rend à l'intestin grêle.

La vésicule *allantoïde* (Fig. I, ᴅ) de la brebis et de la vache offre cette seule différence avec celle du cochon, que ses extrémités ne possèdent pas de diverticulum, d'appendice.

Du Placenta (Fig. I, ʙʙ). Les villosités du chorion se réunissent, s'agglomèrent en petites masses, en petits faisceaux elliptiques ou circulaires. Toutes ces houppes villeuses, ainsi agglomérées en plaques, font un relief plus ou moins sensible à la périphérie de l'œuf, et constituent les cotylédons ou placentas multiples. Ces saillies terminales des vaisseaux ombilicaux pénètrent dans des anfractuosités et des enfoncemens creusés dans des masses également disséminées sur toute la membrane muqueuse utérine : masses variables en volume, en largeur, et appelées *cotylédons utérins* (Fig. 2 ʙ et fig. 3 ʙ). L'engrenage des villosités choriales, dans les anfractuosités de la matrice, se fait d'une manière lâche, de sorte que la moindre traction détruit ces rapports, qui ne semblent être que de juxta-position : en effet, aucune trace de sang n'apparaît dans ce déboîtement cotylédonaire, mais il s'écoule un fluide blanchâtre, lactescent.

ARTICLE IV.

DE L'ŒUF DES CARNASSIERS (Pl. VI.)

Du Chorion (Fig. I, 2 et 5, ᴀ). Recouvert par un vernis épais, verdâtre dans les chiens, jaunâtre ou lactescent chez les chats, le chorion, de forme ovoïde, est dépoli, opaque, enveloppe l'œuf tout entier et le fœtus. Dépouillé de l'enduit qui tapisse sa face externe, il paraît mince, pellucide, et présente assez de transparence pour laisser apercevoir le fœtus et la vésicule ombilicale. Sa face externe est coupée par une zône vasculaire, d'apparence charnue, en deux moitiés à peu près égales. Sa face interne adhère, à l'aide de petits prolongemens, à l'allantoïde, excepté vers l'extrémité du cordon ombilical, en raison de la position d'une vésicule qui les sépare. Insufflé, le chorion double de volume et présente un aspect réticulé par ses adhérences à l'allantoïde.

De l'Amnios (Fig. 3, B). Cette membrane a une structure et des usages semblables à l'amnios des autres espèces d'œufs, à part toutefois sa position : car, chez les carnassiers elle n'est pas en rapport avec le chorion par son enfoncement profond dans la vésicule allantoïde.

Lorsque le chorion est insufflé et rendu transparent, on voit à travers cette membrane une ligne rougeâtre formée par une espèce de boyau plissé, revenu sur lui-même, placé sur la ligne médiane du fœtus; c'est la vésicule *ombilicale* (Fig. 4, c). Cette vésicule, de forme triangulaire, située dans l'intervalle allantoïdien de l'extrémité du cordon ombilical, très développée jusqu'à la fin de la gestation, renferme un liquide jaunâtre, envoie deux prolongemens chalazifères au chorion et une expansion ou pédicule vers l'intestin. Elle reçoit les vaisseaux omphalo-mésentériques qui sont très developpés.

L'*allantoïde* (Fig. 2, D), membrane fine et lisse, transparente, enveloppe par un double feuillet l'amnios, et se continue avec la vessie au moyen du canal de l'ouraque. Sa cavité est très vaste et renferme un fluide séreux : on peut l'insuffler sous forme d'un vaste sac ovoïde.

Les élémens vasculaires et membraneux du cordon ombilical ne diffèrent pas de ceux des pachydermes et des ruminans. Les vaisseaux omphalo-mésentériques sont très développés (Fig. 4, o).

Le *placenta* (Fig. I, 2, etc. EE) est cette zône charnue qui sépare la surface externe du chorion en deux moitiés latérales ou segmens d'ovoïde. Il est épais et formé par les terminaisons de vaisseaux

ombilicaux qui , dans le principe , forment un tapis circulaire de vil-
lositiés choriales. Ce placenta , lisse du côté fœtal , est rugueux et par-
semé de vaisseaux qui l'unissent à l'utérus. On trouve sur cet organe
une zône vasculeuse ; c'est le placenta utérin.

ARTICLE V.

DE L'ŒUF DES RONGEURS (Pl. VII).

Le *chorion* (Fig. 3 , A) est une membrane très fine, dépolie, la
plus excentrique de toutes les parties constitutives de l'œuf, immédiatement appliquée sur la vésicule ombilicale : elle dégénère sur la
fin de la gestation en un tissu très friable, opaque , et qu'il est impossible d'insuffler.

L'*amnios* (Fig. 1, A), tunique la plus interne , est d'une ténuité extrême ; elle est recouverte par la vésicule ombilicale , et nullement
en rapport avec le chorion. Ses usages sont invariables.

La *vésicule ombilicale* (Fig. 2, A) , très développée dans les rongeurs , enveloppe par une double voûte, par un double feuillet membraneux, l'amnios , le fœtus et la vésicule allantoïde. De l'air insufflé
dans sa cavité sépare les deux lames dont elle est formée et permet
d'apercevoir le pédicule des vaisseaux omphalo-mésentériques qui le
traversent. Comparé à l'œuf des carnassiers, on voit qu'il s'est opéré
une interversion complète de membranes, car la vésicule ombilicale
prend la place de l'allantoïde des carnassiers. Cette transposition a
causé bien des erreurs en ovologie ; et cependant, si l'on réfléchit que
dans les classes animales les caractères essentiels spécifiques des parties ne se tirent ni de la forme , ni de la position, ni du volume, mais
bien de leur nature et de leur rôle physiologique, on reconnaîtra bientôt la vésicule ombilicale , comme tout autre organe en général ,
quelque soit le déguisement sous lequel la nature se plaise à nous
l'offrir. La présence des vaisseaux omphalo-mésentériques à cette
membrane et son pédicule intestinal , lèvent en effet tous les doutes ,
et dissipent toutes les erreurs.

L'*allantoïde* (Fig. 4, A) , placée à l'extrémité du cordon ombilical, occupe la place de la vésicule précédente. Elle est demi-sphéroïde et se continue à la vessie par le canal de l'ouraque. Cette membrane est d'une ténuité extrême, lisse, transparente.

Le *cordon ombilical* se compose comme chez les pachydermes.

Le *placenta* (Fig. 5, EE) , masse vasculo-spongieuse en relief à la surface du chorion, est bilobé, lisse du côté fœtal et rugueux par sa face utérine. Les vaisseaux utéro-placentaires (fig. 3 , B.) sont très gros et fournissent beaucoup de sang par leur rupture. Le plan interne de l'utérus présente aussi un double tubercule pour former le placenta utérin.

Chaque espèce de mammifère a donc son œuf particulier et sur cette diversité de forme, de position, etc., dans les membranes et le placenta, reposent les bases primitives différentes de la constitution des animaux.

QUATRIÈME SECTION.

Considérations générales sur l'Œuf des Ovipares.

L'histoire de l'ovologie dans les classes ovipares, remonte à l'antiquité. L'intérêt puissant que présentent les premiers germes des espèces animales, la facilité de se procurer des œufs pour aller à leur recherche , expliquent la connaissance rapide acquise sur l'évolution des ovipares. Parmi les plus célèbres anatomistes, livrés avec ardeur à cette étude spéciale, il faut placer Aristote, Coïter, Fabrice d'Aquapendente, Haller, Wolf, Spallanzani, Tiedemann, Pander, Dutrochet, etc.

Aristote, le premier, a reconnu dans l'œuf incubé du poulet, la membrane du jaune, l'amnios, la membrane interne de la coque et jusqu'à un certain point l'allantoïde. Depuis la renaissance des sciences Fabrice d'Aquapendente s'est fait une idée assez exacte de cette membrane, il dit que le blanc de l'œuf non incubé n'est pas recouvert de membranes, tandis que sous l'influence de l'incubation il se développe une double membrane pour recevoir les vaisseaux ombilicaux. Dans ses habiles recherches, cet auteur trouva que l'œuf dans l'ovaire était formé par le jaune ou vitellus, et que toutes ses autres parties constitutives étaient empruntées aux parties de la génération qu'il devait traverser. Stenon vit au quatrième jour de l'incubation se former une vésicule qui n'existait pas d'abord, et plus grande au sixième jour. Néedham et Malpighi dans leurs descriptions, la confondirent avec le chorion. Les travaux des Blumenbach, des Dutrochet, etc., sont venus compléter les notions élémentaires anatomiques de l'œuf des ovipares.

L'anatomie comparée ou générale entre les œufs des ovipares et des vivipares a été entreprise avec plus ou moins de bonheur, par Harvey, Haller, Wolf, Blumenbach, Sœmmering, Oken, etc. Mais il faut arriver à Cuvier pour trouver cette vaste conception de l'histoire générale et comparée de l'œuf, à travers toutes ces modifications primordiales dans la constitution des œufs du règne animal tout entier, c'est lui qui nous a donné la clef, pour ainsi dire, de toutes ces mutations de forme, de volume, de situation et de structure dans le plan de formation des œufs des animaux. Si la vésicule ombilicale est peu développée chez le vivipare, c'est que le fœtus tire sa nourriture directe des sucs maternels. Le vitellus devait, au contraire, augmenter d'amplitude pour nourrir l'ovipare durant toute l'incubation. Les vaisseaux utéro-placentaires devenaient inutiles chez l'ovipare, puisqu'il n'y a pas de greffe de l'œuf à la mère, c'est pourquoi aussi les vaisseaux ombilicaux ne traversent plus le chorion. Enfin, si l'allantoïde persiste dans toutes les espèces animales, c'est que le fœtus doit toujours avoir un réservoir pour ses excrétions. Chez certains ovipares, cette membrane reçoit les expansions ramifiées des vaisseaux ombilicaux pour multiplier les points de contact avec l'oxigène; elle doit évidemment se flétrir, lorsque les poumons commencent à fonctionner et c'est le fait du dernier terme de l'incubation des oiseaux : ou bien.

elle doit manquer chez les animaux à branchies, puisque ces organes
remplissent l'importante fonction respiratoire à l'état fœtal comme à
l'état adulte. Cet ensemble d'analogies comparées que l'on pourrait
pousser plus loin encore ; forme un résultat digne du plus haut intérêt par les lumières réciproques que reflètent toutes les constitutions
ovologiques pour éclairer la science.

Avant d'entreprendre la description de la série des évolutions successives par lesquelles l'œuf doit passer pour donner naissance à un
animal vivant, il est indispensable de jeter un coup d'œil rapide sur
la composition de l'œuf en lui-même, afin de partir d'un point connu
dans les investigations ovologiques ultérieures.

La structure de l'œuf des oiseaux se fait par superposition de parties qui se réunissent d'une manière graduelle en un tout commun,
pour être expulsé dans un état complet de formation hors des voies
génitales. Dans la grappe ou l'ovaire, les œufs se divisent en deux
groupes, les uns sont très petits, vésiculaires, renferment un fluide
blanchâtre : au milieu de cette liqueur limpide, contenue dans une
double capsule, on trouve une petite vésicule, que l'on nomme *vésicule primaire*, *vésicule animale* ou de Purkinje, *sphère animale* et
vésicule blastodermique de Pander et de Wolf ; les autres ont une
couleur qui varie du jaune claire au jaune foncé et un volume d'autant plus grand qu'ils sont plus colorés, coloration et amplitude qui
caractérisent le phénomène de la conception. Un ovule fécondé et
développé dans l'ovaire se compose 1° du jaune ; 2° de la cicatricule
ou vésicule primaire devenue sensible et de deux enveloppes capsu-
laires. La rupture de la membrane externe, tissu de la grappe, devient
nécessaire pour permettre à l'œuf de se détacher ; il tombe alors dans
l'oviducte, revêtu seulement par la membrane propre du jaune, traverse avec lenteur ce canal et se double successivement de la membrane chalazifère, du blanc albumineux, de la membrane de la coque
et de la coquille.

L'œuf est pondu, et nous allons le soumettre à un nouvel examen.
C'est par une sorte de cristallisation que se forme l'agrégation des

sels calcaires qui composent la *coquille*. Elle n'existe pas constamment, et l'on sait que certaines poules très grasses pondent des œufs sans couche calcaire. Vauquelin, si ponctuel dans ses recherches, a vu qu'il suffit de priver une poule de sels calcaires dans sa nourriture pour empêcher la formation de la coquille, enveloppe accessoire destinée à préserver le germe des causes vulnérantes externes. La coloration bizarre, variée à l'infini de la coque des ovipares, paraît tenir ou à des échappées sanguines hors des vaisseaux de l'oviducte et à la combinaison de sels métalliques, ou plutôt être le résultat d'une sécrétion particulière. La *membrane de la coque ou chorion* placée au-dessous de là coquille, se partage en deux feuillets principaux qui, à l'état normal, laissent entre eux un intervalle au gros bout de l'œuf : cette cavité s'appelle *sac à air*. L'albumine ou *le blanc* de l'œuf présente deux liqueurs différentes; une limpide, séreuse; l'autre forme une masse glutineuse que l'on peut insuffler. Les *membranes du jaune* sont au nombre de deux : la tunique externe ou chalazifère qui double le jaune dans l'oviducte se continue par deux points diamétralement opposés en deux petits prolongemens fléxueux, spiroïdes, appelés *chalazes*. Chaque petit prolongement traverse l'albumine pour s'insérer à la membrane de la coque et tous deux communiquent par un plissement circulaire de cette membrane qui est la zône des chalazes. Cette ligne circulaire sépare le jaune en deux hémisphères inégaux, et sur le plus petit se trouve toujours la cicatricule. Les deux chalazes, placées aux pôles de l'œuf permettent au jaune de tourner sur son axe de telle sorte que, le petit hémisphère est toujours tourné en haut ; disposition favorable pour que la cicatricule durant l'incubation soit sans cesse près du foyer aérien. La cicatricule, placée au-dessous de la membrane chalazifère et de la membrane propre du jaune, est la vésicule primaire ou de Purkinje.

Dans les ovipares, la transformation de l'œuf en fœtus ne s'obtient que par une série d'évolutions successives durant laquelle les circonstances extérieures à la mère jouent le rôle principal. Quelques degrés de température sont susceptibles de développer à nos yeux toutes les

phases de formation du nouvel être. Ce temps indispensable au phénomène de l'évolution de l'œuf s'appelle *incubation* et représente fidèle-
ment l'époque de la gestation des mammifères.

L'animal ovipare ne tient donc pas sous sa dépendance le développement de l'embryon. Un certain degré de chaleur suffit pour imprimer a l'œuf une force nouvelle, et amener les plus grandes merveilles
physiologiques. Les oiseaux fournissent eux-mêmes la température
indispensable à l'éclosion des œufs. On peut néanmoins suppléer
à l'incubation et déterminer la formation régulière des organes, à
l'aide d'une chaleur artificielle de + 32 Réaumur, qui égale + 38°,
température naturelle des oiseaux. Les *couvées artificielles* sont connues dès la plus haute antiquité. Les Égyptiens en faisaient grand usage,
et chez ce peuple, même de nos jours, dans le village de Bermey,
à quelques lieues du Caire, une branche considérable d'industrie est de
faire éclore les œufs sans les ecours de la mère. Réaumur a fait un ouvrage sur les couvées artificielles, pour déterminer scientifiquement
les expériences confiées à la routine. Il a varié de mille manières
différentes, l'application du calorique aux œufs, réglé la température
du milieu à l'aide du thermomètre et déterminé d'une manière positive
le degré de chaleur indispensable à l'éclosion des œufs. Au Jardin-du-
Roi on se sert d'une *couveuse*, grand vase en fer blanc, dans lequel
sont placés les œufs, et dont on règle la température de manière à ce
qu'elle soit uniforme tout le temps de l'incubation. Quand on opère
en grand, on place les œufs dans des fours que l'on chauffe avec soin
et avec une chaleur toujours égale : c'est un moyen qui a été employé plusieurs fois comme spéculation commerciale.

Le temps nécessaire à l'incubation est aussi variable que celui de
la gestation des mammifères. La poule couve 21 jours ; le canard 31
jours ; l'oie 30 jours ; le dindon 30 jours aussi, etc., etc., dans les
diverses espèces; il est facile de répéter ces expériences sur ces animaux domestiques. On ignore la durée de l'évolution des œufs de
plusieurs espèces sauvages. L'œuf des oiseaux, en raison de l'étude

approfondie que l'on en a faite, nous servira de type pour apprécier les modifications survenues dans les œufs des autres ovipares.

INCUBATION DE L'ŒUF DU POULET. (Pl. VIII.)

La cicatricule est la base de toutes les évolutions successives déterminées par l'influence de l'incubation. F. d'Aquapendente qui, le premier, découvrit la cicatricule, pensait qu'elle était le vestige du mode de réunion de l'ovule fécondé à la grappe, et qu'elle résultait de la rupture d'un petit pédicule, comme le fruit se détache de l'arbre au moyen d'un pétiole. Harvey reconnut cette erreur, et prouva que sur ce point circonscrit apparaissait toujours les premiers linéamens de l'embryon. La cicatricule est donc la partie la plus essentielle de l'œuf. Située à la périphérie du vitellus et au-dessous des deux membranes du jaune, elle se rapproche du sac à air, à mesure que l'incubation avance, et dans ce mouvement de progression, elle est favorisée par une double cause, le détachement de la chalaze du sac aérien et le refoulement très remarquable de l'albumine vers le petit bout de l'œuf.

La série nombreuse des évolutions de tous les élémens constitutifs de l'œuf a été étudiée jour par jour, heure par heure, et avec beaucoup de soins, par Wolf, Haller, etc. La cicatricule de l'œuf fécondé ou non fécondé, paraît présenter les mêmes caractères. *Premier jour de l'incubation.*—Le jaune et le blanc ne sont pas modifiés. La cicatricule seule est agrandie, son centre est déprimé et contient un liquide blanc et un petit filament à peine perceptible. Des cercles nuageux, blanchâtres, appelés *halons*, agrandissent le plan de la cicatricule. *Deuxième jour d'incubation.* —Les halons plus marqués forment de larges cercles que M. Flourens considère comme les vaisseaux rudimentaires de la membrane du jaune : la cicatricule est plus grande : les deux

feuillets de la membrane du jaune sont écartés l'un de l'autre par un
liquide limpide, au milieu duquel apparaît distinctement le linéament
du nouvel être. Il y a un pointillé rouge sur les cercles nébuleux.
Troisième jour d'incubation. — Un réseau vasculaire très beau couvre
les halons : c'est l'*image veineuse* des Anciens (*figura venosa*, fig. 2, A),
qui est entourée par un cercle rouge bien formé, et qu'ils appelaient
vena terminalis (fig. 2, A). Cet appareil vasculaire résulte du développement des vaisseaux omphalo-mésentériques. L'embryon se dessine sous
forme d'un croissant dont le centre renferme un globule sanguin qui
saute : c'est le cœur ou le *punctum saliens*. *Le quatrième jour d'incubation.* — Le fœtus est plus développé, son canal intestinal apparaît ainsi
que la vésicule allantoïde. La figure veineuse acquiert de plus grandes
dimensions. Le véritable amnios se développe (fig. 3, c), etc., etc.

L'œuf est constitué dans ses élémens les plus intimes ; il nous reste
à faire une étude de chacune de ces parties visibles et faciles à voir
grandir sous l'influence de l'incubation.

κ. *Du Sac vitellin, du vitellus ou du jaune.* (Fig. 3, A.)

Le jaune préexiste à la fécondation et forme cette masse cen-
trale volumineuse que l'on voit diminuer d'une manière progressive en proportion du développement du germe dans les ovipares.
Il est bien facile de constater le passage du jaune (fig. 4, A), au
moyen d'un pédicule (B) dans l'intestin pour servir à la nutrition
du petit. A l'époque de l'éclosion, une partie du sac vitellin et son
pédicule (fig. 5, B) entrent dans l'abdomen du fœtus pour le nourrir encore. C'est l'intestin externe qui devient intérieur, comme
le reste du tube digestif. Bientôt tout est absorbé, et il ne reste
aucune trace du vitellus. L'*albumen* ou le blanc, refoulé sans cesse
vers le petit bout de l'œuf, pénètre par transsudation à travers les
membranes du jaune, augmente sa fluidité et son volume, et sert à
la nutrition du petit. Le sac à air, ou le vide du gros bout de l'œuf,
formé par la membrane de la coque, dont le rôle est passif au moment
de l'éclosion, est dix fois plus grand que dans le principe de l'incu-

bation. La coquille sert toujours d'enveloppe de protection et reste invariable.

L'utérus, organe de gestation des mammifères, par ses contractions énergiques expulse l'œuf hors de sa cavité, et le fœtus reste complétement passif dans le travail de l'accouchement. Chez les ovipares, le petit est l'agent actif de l'éclosion; il frappe la coquille à coups redoublés, à l'aide d'un petit *crochet corné* (fig. 5, A) situé sur le bec; son enveloppe brisée, réduite en éclats, il vient seul au monde. Ce crochet, organe transitoire, naît, croît pour cette destination, puis il tombe.

Sous l'influence de l'incubation, l'*allantoïde* (fig. 3, B) apparaît sous forme d'une petite vésicule destinée à recevoir les excrétions du fœtus. Le quatrième jour, elle se distingue des autres membranes par un petit renflement spécial, situé au bas de l'abdomen de l'embryon; à mesure que l'évolution s'accomplit, elle prend des dimensions de plus en plus grandes, et à tel point qu'elle finit par envelopper tous les élémens de l'œuf à la manière d'un chorion : aussi a-t-on confondu cette membrane avec le chorion. L'allantoïde se compose de deux feuillets; l'externe reçoit les rameaux multipliés des vaisseaux ombilicaux; l'interne, appelé membrane moyenne de l'œuf par Haller, recouvre l'amnios et le vitellus. Entre ces deux feuillets, existe une cavité remplie d'un fluide séreux, de couleur légèrement jaune, et qui provient du cloaque au moyen du canal de l'ouraque.

La tendance manifeste de la vésicule allantoïde à se porter vers le sac à air provient de ce qu'elle joue en outre le rôle de placenta des ovipares au moyen des vaisseaux ombilicaux ramifiés à sa superficie. Cependant le fœtus respire avant la formation de l'allantoïde, comment s'exécute cette fonction ? Il y a trois modes respiratoires chez les ovipares; au principe de l'incubation, les vaisseaux omphalo-mésentériques ou la figure veineuse en contact avec le sac aérien, modifient la nature du sang de l'embryon. Au quatrième jour, il s'opère une substitution d'organe à un autre organe, d'un ordre de vaisseaux a un autre ordre de conduits sanguins et les vaisseaux de l'allantoïde remplacent ceux du vitellus pour la respiration du petit. Lorsque l'allantoïde se flétrit , les poumons du fœtus respirent , et c'est alors qu'on l'entend crier. L'air pénètre à travers les porosités de la coquille pour déterminer les phénomènes de l'hématose. On peut asphyxier le poulet en plaçant une couche d'un corps gras qui détruit la perméabilité de l'enveloppe calcaire et empêche l'air de vivifier le sang des vaisseaux omphalo-mésentériques d'abord, ombilicaux ensuite et enfin des vaisseaux pulmonaires.

Cette substitution d'organes pour la production des phénomènes de l'hématose n'offre rien d'étonnant; toute l'échelle animale est parsemée de divers ressorts , mis en jeu par la nature pour obtenir la respiration des animaux. Le mammifère possède des organes pulmonaires ; le poisson a des branchies ; l'enveloppe cutanée respire toute entière chez certaines espèces , et cette respiration disséminée existe sur les membranes internes de plusieurs animaux , d'après les travaux faits en Allemagne. Cette mutation des organes respiratoires se trouve même sur un seul animal; le têtard a des branchies et la grenouille ou le têtard adulte a des poumons ; il n'y a donc rien d'insolite dans ces substitutions de vaisseaux respiratoires, et c'est un point de physiologie générale, digne du plus haut intérêt.

De toute cette discussion , il résulte que l'œuf des oiseaux est construit sur le même plan que l'œuf des mammifères. De côté et d'autre, on trouve les membranes chorion , amnios , allantoïde , la vésicule ombilicale ou vitellus ; la coquille représente la caduque pour l'élément adventif; les vaisseaux ombilicaux et omphalo-mésentériques sont constans pour leur distribution et leur rôle , seulement, les vaisseaux ombilicaux des ovipares ne traversent pas le chorion ou membrane de la coque pour former de placenta , organe de jonction avec la mère, inutile chez les ovipares, quoique, à la rigueur, on puisse considérer, eu égard à leur fonction, comme un placenta; les ramifications dernières des vaisseaux ombilicaux. Il existe donc une conformité complète pour le plan commun , entre les œufs des espèces ovipares et vivipares. En général , toutes les différences dans la con-

formation de l'œuf des animaux résultent toujours du *mode de nutri-*
tion et de la *fonction respiratoire.*

DE L'OEUF DES REPTILES. (Pl. IX.)

Le professeur partage les reptiles en deux grandes divisions pour
l'ovologie : l'une renferme les trois ordres, *chéloniens, sauriens, ophi-*
diens, qui ont un œuf comme les oiseaux et les mammifères; l'autre
dont l'œuf ressemble à ceux des poissons, est constituée par les *batra-*
ciens. Tous ces animaux, à sang froid, abandonnent leurs œufs à la
chaleur du milieu dans lequel ils sont plongés.

Chéloniens. — L'œuf de la *tortue* (fig. 1 et 2), fort peu étudié pendant
les phases de l'évolution, a fait l'objet d'intéressantes recherches de
M. Tiedemann. L'incubation de l'œuf des oiseaux reflète une vive
lumière sur cette organisation primitive. L'œuf de la tortue de mer
a une forme globuleuse, il se compose de 1° une coquille calcaire;
2° une membrane de la coque, formée de deux feuillets et parsemée de
petits points noirs, grisâtres, qui se voient même à travers la coquille;
3° du blanc de l'œuf; 4° d'un jaune globuleux (fig. 3, A), placé au
centre du blanc; 5° de la cicatricule; 6° de l'allantoïde (fig. 2 A), et
7° de l'amnios (fig. 2, B).Le vitellus transmet son fluide à l'intestin
par un pédicule (fig. 3, B) et rentre dans l'abdomen par l'ombilic,
situé au milieu du plastron lorsque l'évolution est terminée. La vésicule allantoïde se comporte aussi comme chez les oiseaux.

Sauriens. — Dans l'iguane et les lézards, la forme de l'œuf est
allongée, elle devient globuleuse dans le crocodile et ovoïde chez le
gecko. Le nombre des œufs est de trente à quarante. L'enveloppe
externe est tantôt parsemée de points calcaires, tantôt coriace et fort
épaisse. Les élémens constitutifs de l'œuf du crocodile sont 1° une enveloppe coriace très dense; 2° le blanc dont la quantité minime a fait
mettre en doute sa présence; 3° le jaune avec son sac vitellin et son

pédicule à l'intestin ; 4° l'allantoïde ; 5° l'amnios ; 6° la coquille calcaire. Le jaune rentre dans le ventre comme chez les oiseaux et sert à la nutrition du fœtus. L'allantoïde communique avec le cloaque au moyen de l'ouraque.

Ophidiens. — L'œuf (Pl. IX , fig. 4 et 5) n'a plus du tout de blanc dans sa composition. Exemple : l'œuf du boa; 1° une enveloppe épaisse, parsemée de petits points durs , forme la coque; 2° le jaune; 3° l'allantoïde ; 4° l'amnios. L'œuf dans ces trois ordres de reptiles est comme modelé sur celui des oiseaux : toujours les vaisseaux omphalo-mésentériques se rendent au jaune; toujours les vaisseaux ombilicaux vont à l'allantoïde.

Batraciens.—Les vertébrés aériens ovipares que nous venons d'étudier, respirent tous à l'état fœtal par l'allantoïde. Le crapaud , la grenouille , la salamandre , les tritons , les syrènes respirent l'air dans l'eau à l'aide de branchies,et n'ont pas d'allantoïde, et par conséquent de vaisseaux ombilicaux. Ce mode respiratoire différent détermine cette différence dans la struture de l'œuf. Spallanzani a bien fait connaître l'œuf de ces animaux.

Les élémens constitutifs d'un œuf de grenouille sont : 1° une enveloppe gélatineuse (Pl. IX , fig. 6 , A), secrétion de l'oviducte, étrangère au fœtus et qui se gonfle dans l'eau ; 2° une membrane du jaune à double feuillet , reconnue par Spallanzani ; 3° le jaune ou vitellus , petit noyau angulaire semi-jaunâtre , semi-noirâtre , situé au centre de la matière gélatineuse. Réunis tous entre eux par cette matière colloïde , les œufs innombrables des batraciens représentent l'aspect de confitures de groseilles blanches ; 4° l'amnios manque pour que les branchies puissent fonctionner dans l'eau : on pourrait considérer comme l'amnios , une membrane dont le têtard ne tarde pas à se dépouiller après sa naissance.

ARTICLE III.

DE L'OEUF DES POISSONS. (Pl. IX.)

Aristote s'est occupé de l'évolution des œufs des poissons. Cette

étude a été reprise avec soin au xviiie siècle par Monro et Cavolini, et
terminée ou portée plus loin au xixe siècle par Home et surtout par
Cuvier qui en a posé les lois générales. Tous lés œufs des poissons,
considérables par le nombre, ont de même que ceux des batraciens, un
volume égal, parce que pondus tous en même temps, ils devaient avoir
tous le même degré de maturité. Une matière glutineuse réunit tous
les œufs et facilite leur adhérence aux fucus et autres plantes marines, et rend compte de ces masses de petits œufs qui se dessinent
en longs filamens, en groupes, en réseaux, en cordons et sur lesquels
le mâle projette sa liqueur séminale pour les féconder. Si le poulet
perce sa coquille avec son bec, lorsque l'évolution est terminée, le
poisson dilacère ses enveloppes avec sa queue pour éclore. Les poissons
ovo-vivipares présentent toutefois des particularités que nous ferons
connaître (*Blennies*, *anableps*).

Poissons osseux. — L'œuf se compose 1° d'une enveloppe commune, c'est le chorion ou coque; 2° la membrane à double feuillet
du jaune; 3° le vitellus et son pédicule à l'intestin de l'embryon. La
présence des branchies entraîne la perte de l'allantoïde. L'amnios
n'existe pas non plus, à moins que l'on considère le feuillet externe du
chorion comme cette membrane; alors l'amnios envelopperait outre
le fœtus, le jaune et ses membranes, et ne se continuerait pas avec
la peau de l'animal. Le feuillet externe du jaune remplit ce dernier
office, tandis que le feuillet interne présente une continuité avec
l'intestin.

Poissons cartilagineux. — On les divise aussi en deux ordres
sous le rapport de leur mode de génération : 1° ovipares; 2° ovo-
vivipares.

Raie (ovipare). — L'enveloppe extérieure de l'œuf est constituée par
une membrane cornée, épaisse, très dense, de forme quadrilatère et
qui fournit de longs appendices par ses angles (fig. 8, b b). Ces appendices flexibles se courbent l'un sur l'autre aux deux pôles de l'œuf, fer-
més par une membrane mucilagineuse (c c) facile à rompre au moment
de l'éclosion. On trouve dans ce chorion un blanc peu abondant, le

vitellus et l'embryon. L'œuf des squales est construit sur ce même plan. Les appendices sont recourbés sur eux-mêmes aux extrémités de la coque (fig. 7, B). Cette enveloppe cornée résulte d'une secrétion qui s'opère par une glande située au bas de l'oviducte. La dureté de cette coque était indispensable pour prévenir la rupture des œufs, sans cesse menacés par l'impétuosité des vagues de la mer.

Requin (ovo-vivipare).—L'enveloppe cornée disparaît et se trouve remplacée par une membrane très fine. Les petits sortent vivans avec l'œuf, à peu près comme un animal mammifère. Le phénomène de l'évolution s'opère de même que chez la vipère ; le chorion tombe de bonne heure, l'allantoïde existe et se développe pour mettre en contact les vaisseaux du fœtus avec ceux de l'oviducte, contact indispensable afin que la fonction respiratoire fœtale puisse s'établir; le vitellus sert à la nutrition du germe.

Les grandes lois et les grands rapports de l'ovologie chez les animaux vertébrés se divisent, suivant le professeur, en trois chefs principaux, savoir : simplification 1° dans les membranes; 2° dans le cordon ombilical, et 3° dans les phénomènes de l'évolution.

Un coup d'œil rapide jeté sur le plan général de la structure de l'œuf, fait voir que les quatre membranes, chorion, amnios, ombilicale et allantoïde, existent d'une manière constante jusqu'aux reptiles. Chez les batraciens, dernier ordre des reptiles, et dans tous les poissons, la vésicule allantoïde manque, et c'est déjà un premier degré de simplification. L'appareil branchial fonctionne à l'état d'embryon comme à l'âge adulte, de sorte que la présence d'un organe supplémentaire et transitoire, tel que l'allantoïde, était inutile, chez ces animaux. Pour que les branchies puissent exécuter librement leurs fonctions et saisir l'air dans l'eau, il était urgent que nulle membrane ne vint séparer l'appareil vasculaire branchial de l'oxygène, c'est pour quoi l'amnios qui pouvait empêcher ce contact utile, indispensable, manque chez les batraciens et les poissons.

Le cordon ombilical, constant chez tous les mammifères, a déjà ses élémens séparés chez les oiseaux et les trois premiers ordres de reptiles. Dans les batraciens et les poissons il y a absence complète des vaisseaux ombilicaux et de l'ouraque.

La simplification des phénomènes de l'évolution est aussi très intéressante. L'évolution, pour nous, comprend la substitution d'organes à d'autres organes. Ces changemens dans le rôle des organes expliquent les différens modes respiratoires et nutritifs des espèces animales. Le mammifère, à placenta unique, respire et se nourrit par un gâteau spongieux circonscrit, qui établit une communication directe de la mère au fœtus ; si le placenta est multiple, il n'y a plus qu'une communication indirecte de la mère à l'embryon. Chez les oiseaux et les reptiles, l'allantoïde joue le rôle respiratoire du placenta. Le placenta manque de même que l'allantoïde chez les batraciens et les poissons ; les branchies suffisent pour modifier le sang du fœtus. La nutrition des oiseaux, des reptiles et des poissons s'opère uniquement au moyen du vitellus, du vitellus qui est à peine développé et disparaît de bonne heure chez les mammifères ! Telles sont les substitutions remarquables d'organes dans l'évolution des animaux vertébrés.

CINQUIÈME SECTION.

OVOLOGIE DES ANIMAUX INVERTÉBRÉS.

Mollusques céphalopodes.—Les mollusques pondent des œufs. Les élemens d'un œuf sont : 1° la coquille plus ou moins dense, coriace ; 2° le chorion ; 3° une humeur limpide, ou blanc ; 4° un jaune clair. L'œuf de la *seiche* à la forme d'une sphère elliptique, dont un pôle est arrondi en mamelon et l'autre pôle se termine par un pédicule garni d'un anneau qui sert tantôt à fixer les œufs aux fucus et aux plantes marines, tantôt à les réunir sous forme d'une grappe de raisin : le vulgaire nomme cet assemblage d'œufs de seiche *grappe de mer.* Chaque grain ou œuf se compose 1° d'une enveloppe

noirâtre très coriace, ayant la consistance de la gomme élastique
et sa ductilité ; 2° du chorion, formé de deux tuniques ; 3° au milieu
du chorion se trouve le jaune renfermé dans un sac divisible aussi en
deux feuillets. Il n'y a pas d'amnios. Les branchies tiennent lieu
d'allantoïde. Aristote a dit vaguement que si l'oiseau tient au jaune
par le ventre, la seiche s'y attache par la tête. Cavolini, dans un style
presque métaphorique, écrit que le vitellus de la seiche pend à sa
bouche. Cuvier, dans un beau travail, a prouvé que le vitellus se fixe
à l'œsophage derrière la dernière paire de tentacules. Il est curieux de voir que l'embouchure du vitellus se fasse toujours au canal
intestinal. — L'évolution du *calmar* est semblable à celle de la
seiche.

Mollusques gastéropodes.—L'œuf est constitué 1° par une enveloppe
coriace ou calcaire ; 2° le chorion; 3° une matière albumineuse; 4° le
jaune, tellement uni à l'embryon que M. Carus suppose qu'il y a transformation du vitellus en germe. Lorsque l'embryon est formé, il se
manifeste un mouvement giratoire ou tournoyant en vertu duquel il
se porte sur tous les points du jaune. Ce mouvement sans doute
destiné à faciliter la nutrition et surtout la respiration est déterminé, d'après cet auteur, par les mouvemens de l'organe respiratoire.
L'œuf du *bulimus* a le volume de celui d'une perdrix, et il est pourvu
d'une coquille calcaire.

A. Articulés. — Le vitellus se rend à l'intestin par la face dorsale
de l'araignée, d'après les observations de M. Herold, et par le dos
aussi chez les écrevisses et les crustacées en général, d'après celles de
M. Ratké. Ce déplacement tient au mode de développement du système nerveux central de ces animaux, comme nous le verrons dans
l'embryologie. L'œuf de l'écrevisse a 1° une tunique dense ou coque ;
2° un chorion divisible en deux feuillets ; 3° de l'albumine ; 4° et un
vitellus. La structure intime de l'œuf de l'araignée repose sur ce même
plan.

Le champ le plus vaste, le plus curieux de l'ovologie, et peut-être un
des plus connus, l'évolution des *insectes*, doit sa première célébrité

à Swammerdam. L'insecte *à triple métamorphose* passe tour à tour par les états de larve ou de chenille, de nymphe ou crysalide et de papillon ou d'insecte parfait. La *semi-métamorphose* se trouve dans les insectes qui n'éprouvent qu'un changement partiel ; ainsi la larve de la santerelle est dépourvue d'ailes, sa crysalide en présente des rudimens qui deviennent des ailes complètes chez l'insecte. Enfin, il y a des *aptères* ou insectes *sans métamorphoses*. On trouve dans l'œuf de cette classe, 1º une tunique externe cornée ; 2º le chorion ; 3º le jaune, verdâtre, blanchâtre. Il n'y a pas de blanc.

Zoophites et *Infusoires*. — Le chorion et le jaune sont les seuls élémens de l'œuf qui persistent à ce dernier degré de l'échelle animale. Là, chez les polypes à bras, se trouvent les limites entre les règnes végétal et animal, et commencent les générations gemmipares et fissipares.

Anatomie descriptive et Théorie des Ovo-Vivipares ou faux Vivipares.

Au milieu d'un groupe d'espèces ovipares, tout-à-coup surgissent certains animaux qui produisent tout ensemble à la lumière, l'œuf et le petit vivant. Après un examen rapide du mode d'évolution des classes animales, M. Flourens expose la théorie que nous ferons connaître sur ce phénomène singulier. Tous les mammifères sont vivipares, même les marsupiaux ; il y a encore quelques doutes pour les monotrèmes. Les oiseaux, au contraire, sans exception, sont tous ovipares. Mais les ovo-vivipares sont abondans chez les reptiles : on trouve parmi les ophidiens, la vipère, l'orvet, etc. ; parmi les sauriens, certains lézards, etc. ; parmi les batraciens, la salamandre terrestre. Dans les poissons osseux, l'anableps, les silures, les blennies sont aussi ovo-vivipares; de même que le requin chez les poissons cartilagineux. Parmi les mollusques, la *paludina vivipara*, dont les générations se multiplent sans fécondation, comme celles des pucerons, ainsi que l'observe Spallanzani. Les insectes ont aussi leurs vivipares, tels sont

la mouche vivipare (*musca carnaria*), la mouche aux flancs jaunes
(*musca fera*), etc.

Quelles sont les conditions qui permettent à un animal de mettre
au jour des petits vivans, au milieu d'un genre, d'une famille, d'un
ordre qui pondent des œufs? Lorsqu'on examine avec attention le
plan général de structure des œufs, on voit chez les ovipares une
enveloppe dense, solide, capable de préserver le germe et ses annexes
des violences extérieures. Cette coquille empêche aussi, à mesure
qu'elle se forme, tout rapport intime entre le fœtus et la mère. L'œuf
du vivipare, au contraire, a des membranes d'une ténuité extrême
à son extérieur et par là son système particulier de vaisseaux peut le
mettre en rapport avec les vaisseaux de la mère, pour servir à sa nutrition et à sa respiration. Or, pour que l'ovipare devienne vivipare, il
est indispensable que sa coquille disparaisse et soit remplacée par une
membrane fine, couverte d'expansions vasculeuses qui puissent établir
un contact immédiat entre les vaisseaux utérins et de l'embryon. Le
chorion, en effet, à une certaine époque durant la progression lente
de l'œuf dans l'oviducte de la vipère (Pl. IX, fig. 10), probablement
de la couleuvre, dans le cas où elle serait aussi vivipare, de certains
lézards, des blennies et du requin, etc., etc., s'exfolie d'une manière plus ou moins insensible, et l'allantoïde tapissée par les vaisseaux
ombilicaux, établit un rapport immédiat et très intime entre les vaisseaux de l'oviducte et de l'embryon. Tel est le véritable mécanisme
de l'évolution des ovo-vivipares.

TROISIÈME PARTIE.

DE L'EMBRYOLOGIE.

La vésicule primaire, sphère animale si petite dans le principe, et
comme reléguée sur un point de l'œuf, reçoit tout-à-coup, sous
l'influence de la fécondation, une impulsion énergique, secrète, incon-

nue , capable de développer et de rendre sensible les premiers linéamens du germe ; du germe qui bientôt doit absorber ou dominer tous
les élémens de l'œuf ! Telle est l'extrême ténuité de ces vestiges que
l'œil armé du meilleur microscope ne parvient pas à découvrir dans
l'ovaire les modifications puissantes imprimées à l'œuf par la fécondation. Le germe existe cependant........ , et les faits sont nombreux
pour prouver son apparition primitive dans cet organe. A l'ovaire ,
se trouve l'ovule des animaux supérieurs et l'ovule contient le germe.
A l'ovaire , on rencontre la vésicule primaire de Purkinje ou la vésicule blastodermique de Wolf , et cette vésicule est le siége normal
de l'embryon. A l'ovaire se développe toujours le fœtus de l'anableps
et des silures. De l'ovaire , enfin , s'échappent à de longs intervalles ,
un grand nombre d'œufs , tous fécondés chez une poule cochée une
seule fois , et capables tous par l'incubation de fournir des poulets.
Malgré la hardiesse des auteurs à systèmes, il n'y en pas un assez témé-
raire pour prétendre que la température seule forme le germe. Ainsi ,
de deux choses l'une, ou bien l'embryon préexiste avec l'œuf ; ou bien
il se forme sous l'influence de la fécondation. Qu'ils sont loin du
phénomène ces faiseurs d'expériences qui prennent l'œuf pondu et
incubé pour nous faire assister aux premières bases de la formation
des êtres animés ! C'est à l'ovaire , et à l'ovaire seul qu'il faut saisir
le passage de la matière amorphe au germe animé , plein de vie. Plus
tard on assiste au développement progressif de l'embryon.

Le champ à parcourir dans cette étude, appelée *embryologie* , consiste jusqu'à ce jour à observer les phases d'accroissement du fœtus
dans la matrice , ou pendant l'incubation , depuis les premiers linéamens jusqu'à l'entière formation de ses organes. Cette étude séparée
de l'ovologie, et mieux oologie, et de l'embryologie, ne se trouve que
dans une division scientifique ; elle est toute artificielle et utile cependant pour bien faire connaître l'œuf et le germe. L'embryologie comprend , selon le professeur , le développement graduel du germe en
totalité et l'ordre d'apparition de toutes ses parties, et l'*organogénie* ou
organogénésie qui s'occupe de chaque élément de tissu , de chaque

organe en particulier, depuis le moment d'apparition jusqu'au terme de l'évolution complète : cette seconde étude est fort importante, elle permet de mettre en parallèle le développement des organes et des fonctions; elle fait pour un individu ce que l'anatomie comparée fait pour tous les animaux, car elle explique la plénitude ou la complication des fonctions par le plus grand développement de l'organisme, elle compare encore les états des organes aux différens âges. L'organogénésie contient déjà d'importantes découvertes relatives au cœur, à l'encéphale et au système osseux.

L'histoire des faits embryologiques doit précéder toute théorie et peut se partager en 1° *formation du germe à l'état normal;* 2° *formation du germe à l'état anomal* (monstruosités); 3° *germe mixte ou métis.*

Le premier principe d'apparition du fœtus est encore de nos jours fort obscur, par la difficulté de déterminer si l'acte de la fécondation est effectif.

Tout est vague, incertain pour l'espèce humaine, et le jour précis de la formation du germe et son volume primitif et son mode d'évolution. Il faut sans cesse puiser des lumières chez les ovipares, pour éclairer la formation de l'organisme des vivipares. Au milieu des ténèbres épaisses de la constitution animale primitive, des esprits délicats sont parvenus cependant à saisir les traces des rudimens organiques et à esquisser à grands traits les principaux phénomènes du développement de l'embryon.

Le fœtus est formé, et tout aussitôt il exécute des fonctions de deux ordres indispensables à son existence. L'assimilation des molécules nutritives nécessaires au développement progressif des organes; les mouvemens contractiles du cœur et péristaltiques ou vermiculaires du tube gastro- intestinal, sont autant de *fonctions intimes ou intérieures* spéciales au fœtus, étrangères à la mère et dont le jeu constitue sa vie propre : car la vie n'est que l'ensemble des fonctions qui la constituent, et tous les organes du fœtus agissent et préludent au rôle plus actif qu'ils doivent remplir à la naissance. Les *fonctions externes*, placées sous la dépendance maternelle consistent dans

22

l'arrivée et le départ des matériaux ou élémens nutritifs et respiratoires. Comme le fœtus ne communique pas avec le monde extérieur, il faut bien qu'il reçoive les matériaux de sa respiration et de sa nutrition, soit par sa mère, soit par ses annexes ou l'œuf, soit enfin de ces deux sources à la fois.

Dans aucune classe, l'indépendance des fonctions circulatoires, nutritives et respiratoires, ne se trouve plus marquée que chez les ovipares. Là, un système de vaisseaux, séparé de la mère, fournit l'oxygène et entretient la circulation. Là, une masse jaune, le vitellus sert de nutrition au petit. Placé sous l'influence maternelle, le fœtus du vivipare puise sans cesse dans l'organe utérin, les matériaux nécessaires à sa formation. La fonction principale qui établit cette mutuelle dépendance de la mère et du petit est la circulation qui amène les élémens nutritifs et respiratoires.

La circulation du fœtus (Planche X) se partage en trois parties : la circulation générale; la circulation pulmonaire, et la circulation utéroplacentaire. Chez l'adulte, les deux circulations, générale et pulmonaire, sont égales l'une à l'autre ; dans le fœtus, la circulation pulmonaire est restreinte, et ne se complète qu'au moment de la naissance : pour suppléer à cette circulation pulmonaire incomplète, il en existe dans les fœtus une autre qui lui est propre, c'est l'*utéroplacentaire* : celle-ci disparaît au moment de la naissance, pour céder son rôle à la circulation pulmonaire, qui reçoit, à ce moment même, tout son développement. Telle est la théorie neuve que présente sur ce point M. Flourens.

Lorsque le grand Harvey parût, déjà Cesalpin et Michel Servet dans leurs recherches avaient entrevu la circulation; déjà Fabrice d'Aquapendente avait observé que les veines ont des valvules dans la direction du cœur; mais aucun auteur ne traçait encore la route que le sang se fraye à travers toute l'économie pour revenir au cœur, point central de départ. A l'époque d'Harvey, les physiologistes cherchèrent à établir la séparation du cercle circulatoire de la mère, de la circulation du fœtus. Rioland multiplia les expériences pour s'as-

surer des contractions du cœur du fœtus avant la naissance, dans
le but de déterminer si le petit avait un principe d'action, indépen-
dant, propre et capable de permettre avec succès l'opération césarienne. Il admit cette indépendance, et posa des conclusions favorables à l'opération, objet principal de ses recherches.

On a dit tour-à-tour que la circulation du fœtus était tout-à-fait
séparée de la mère, et que ces deux circulations étaient confondues.
Selon M. Flourens, la circulation du fœtus en elle-même est essentiellement distincte de celle de la mère par son principe d'action,
comme par son ensemble, et cependant il y a une communication de
la circulation de la mère avec celle du fœtus. Mais ce n'est pas,
comme l'ont dit quelques auteurs, tout le sang du fœtus qui va à la
mère, ce ne sont pas les deux sangs en masse qui se confondent ;
c'est seulement une partie du sang du fœtus et de la mère qui se réunissent : cette partie est ce qui constitue la circulation utéro-placentaire.

La circulation fœtale n'est donc pas complétement séparée de la
circulation maternelle, elles se confondent même, mais seulement par
une fraction de leur masse totale dans l'espèce humaine et chez tous
les animaux à placenta unique, comme une description rapide du mouvement progressif du sang nous le fera mieux comprendre. Les vaisseaux utéro-placentaires sont autant de petites racines qui puisent
dans les canaux utérins le sang artériel de la mère, pour lui faire traverser, en petites colonnes, toute la longue et tortueuse filière des
vaisseaux anastomostiques du placenta.

Circulation générale du fœtus. Arrivé dans la veine ombilicale (Fig.
2, E), le sang réuni, rassemblé, parcourt le trajet de ce vaisseau jusqu'au foie ; là il se divise en deux parties principales : l'une se confond avec le sang de la veine-porte (F G), l'autre franchit le *canal veineux* (I), pour arriver dans la veine-cave (K) inférieure et bientôt dans
l'oreillette droite du cœur (L). La colonne sanguine, très volumineuse,
traverse cette cavité, et arrive directement dans l'oreillette gauche, au
moyen du *trou Botal* (Fig. 3, E). Le sang de l'oreillette gauche tombe

dans le ventricule correspondant. Le ventricule gauche se contracte à son tour et projette dans l'artère aorte (Fig. I, DD) le sang pour le distribuer à toute l'économie au moyen des divisions multipliées de ce vaisseau.

Le système veineux ramène au cœur toute la masse sanguine, éloignée du centre par le système artériel. L'oreillette droite reçoit encore la première tout ce sang veineux par les veines-caves et la veine coronaire, et l'oblige à passer dans le ventricule droit.

Circulation pulmonaire. Ce ventricule chasse le fluide dans le tronc de l'artère pulmonaire, et jusqu'à la fin de la crosse de l'aorte, à l'aide du *canal artériel.* (Fig I, E). Il arrive fort peu de sang aux poumons, parce que les artères pulmonaires (F) sont alors à l'état rudimentaire. Telle est la marche du sang chez le fœtus. Quant aux forces motrices ou de progression du fluide, quant aux résistances à surmonter, quant à la contractilité du cœur et au jeu des valvules, soupapes organisées, destinées à former des barrières à tout mouvement rétrograde du sang, ces points de la mécanique animale, comparés avec le cercle circulatoire adulte, n'ont de différent que l'énergie, car la vitesse de progression du fluide appartient à la circulation du fœtus.

Circulation utéro-placentaire. De ce torrent circulatoire s'échappe par les artères ombilicales, une colonne sanguine qui se rend au placenta pour se continuer en partie, avec le sang de la veine ombilicale, et aller se retremper, en partie, dans le sang maternel, au moyen des vaisseaux utéro-placentaires. Ce petit cercle secondaire, *appareil placentaire* ou *ombilical*, de M. Flourens, composé du placenta et des vaisseaux ombilicaux, est destiné à ramener une portion de sang à la mère et à conduire une autre fraction sanguine pour servir à la nutrition et à la respiration du fœtus. A la naissance, l'appareil placentaire, se flétrit et tombe dans toute son étendue extra-ombilicale et s'oblitère dans sa partie intra-ombilicale, selon cette grande loi de l'économie « que tout vaisseau sanguin s'oblitère, se ferme et dégénère en cordon fibreux lorsque le sang ne circule plus dans sa cavité ». La respiration s'opère

alors par un autre ordre de vaisseaux situés dans le poumon , organe
jusqu'alors inactif. Quel mécanisme amène ce changement dans
lequel l'appareil pulmonaire remplace l'appareil ombilical ? Cette
évolution organique repose sur le jeu nouveau imprimé à la fonction.
Tant que le vivipare est à l'état fœtal, il respire et se nourrit au moyen
des fluides maternels qui lui sont transmis par l'appareil ombilico-
placentaire ; tant que l'ovipare se développe dans sa coquille , il respire par les vaisseaux ombilicaux répandus sur l'allantoïde et se
nourrit par le vitellus. A l'époque de la naissance , il s'opère une
métamorphose subite , mais préparée à l'avance , d'une manière
graduelle par la nature : l'appareil ombilical , l'allantoïde , organes temporaires , s'exfolient , tombent , et les poumons entrent
en exercice. Le grand cercle circulatoire lui-même subit les plus
grands changemens ; le *trou Botal* se ferme ; les *canaux veineux
et artériel* s'oblitèrent et le sang ne circule plus au dehors de l'individu pour se régénérer ; c'est au poumon qu'il trouve l'air pour
se vivifier ; c'est dans le suc alimentaire qu'il puise ses élémens constitutifs. Tout le sang obligé de traverser le poumon , remplace le
petit cercle circulatoire ombilical et forme le cercle pulmonaire ou
petit cercle chez l'adulte : tandis que la masse sanguine , distribuée à
toute l'économie et qui revient au cœur, constitue toujours le cercle
général ou grande circulation.

Une discussion célèbre s'éleva entre Mery et Duverney au sein
de l'Académie , et relativement au jeu du trou ovale , ouverture des
oreillettes connue de Galien , bien décrite par Botal, Mery, Winslow
et dont Harvey connaissait l'usage. Mery supposait que les cavités du
cœur, chez l'adulte, avaient une égale capacité, parce qu'elles devaient
recevoir une quantité égale de sang. Dans le fœtus, au contraire, il
considérait les cavités du cœur comme inégales en capacité, et il con-
cluait que le cœur gauche ne pouvant contenir autant de sang que le
cœur droit , il fallait que l'excédant du fluide vint refluer et se dé-
gorger dans les cavités droites au moyen du trou Botal. L'égalité des
cavités du cœur de l'adulte est par l'anatomie, et surtout par l'ana-

tomie comparée, démontré un fait complétement faux, et il est facile de voir que Mery s'est fourvoyé dans ses conclusions : car il pose
en principe deux hypothèses, l'égalité des cavités du cœur et des
quantités égales de sang dans l'adulte, et leur inégalité dans le fœtus,
et il prend tour-à-tour la première partie de sa proposition pour prouver la vérité de la seconde, oubliant la base principale à tout raisonnement physiologique ; le fait anatomique bien démontré.

La circulation du fœtus exige encore de l'étude et donne naissance
à des remarques dignes d'intérêt :

RESPIRATION DU FŒTUS.—Le plan général de structure des voies circulatoires est donc disposé pour conduire les élémens de la respiration
au fœtus, à l'aide des vaisseaux ombilicaux et du placenta pendant
la vie intra-utérine. Cet appareil ombilical (Fig. 4), transitoire et temporaire, tombe et s'oblitère à la naissance et se trouve remplacé dans son
action par le jeu des vaisseaux pulmonaires. Cette disposition fonc-
tionnelle établit ces deux points génétiques fondamentaux ; d'abord,
l'influence maternelle destinée à suppléer à la respiration du fœtus,
ensuite le mode de propagation de cette influence par les vaisseaux
ombilicaux. L'expérimentation a montré au professeur, et j'ai moi-
même observé que le décollement du placenta, que la rupture des
vaisseaux ombilicaux, et même que la simple compression du cordon
déterminent des symptômes d'asphyxie.

Il n'y a rien d'insolite, rien d'étrange dans la variation des vaisseaux
respiratoires, des ombilicaux aux pulmonaires ; le point essentiel,
comme le prouve le règne animal tout entier, c'est que l'oxygène soit
mis en contact avec le sang, quels que soient les points du corps : là, ce
sont des trachées disséminées sur toute la periphérie de l'animal ; ici
un appareil branchial ; plus loin des poumons qui reçoivent l'influence
de l'air atmosphérique. Chez le fœtus des mammifères, c'est l'appareil ombilico-placentaire. Les embryons ovipares respirent d'abord
par les vaisseaux omphalo-mésentériques, ensuite par les vaisseaux
ramifiés sur l'allantoïde et même par les poumons ; qu'ils sont encore dans leur coquille. L'oxygène nécessaire se perpétue dans le

sac à air et dans l'intérieur de l'œuf par son passage continuel à travers les porosités de la coquille ; passage que l'on peut intercepter, et qui produit l'asphyxie du poulet, en plaçant une couche de vernis sur la coque. Dans tous les cas, l'oxigénation est possible par le simple contact médiat de l'air et du sang, comme le prouve l'expérience du sang veineux qui, renfermé dans une vessie et plongé dans l'oxygène, devient artériel par le passage du gaz à travers les porosités de la membrane.

De la nutrition. — Les élémens nutritifs du fœtus des vivipares arrivent de deux sources aux différentes époques de la gestation. Dans le principe, lorsque les villosités choriales n'ont pas encore contracté d'adhérence à la matrice, c'est la vésicule ombilicale qui fournit les matériaux nécessaires à la nutrition ; bientôt ces villosités s'engrainent avec l'organe maternel, reçoivent directement le sang de la mère chez les animaux à placenta unique ; ou bien en raison du contact intime de ces expansions des vaisseaux ombilicaux jusqu'au canaux sanguins de la matrice, il s'opère chez les animaux à placentas multiples, au point de contact maternel, l'absorption d'une sorte de fluide laiteux abondant. Les ovipares n'ont qu'un seul mode de nutrition. Le vitellus suffit pour leur donner les matériaux nécessaires à leur entière croissance. Ici les vaisseaux ombilicaux ne jouent que le rôle d'organes respiratoires, tandis que chez le vivipare, ces mêmes vaisseaux portent tout à la fois au fœtus les élémens nutritifs et respiratoires.

Une foule d'hypothèses et d'opinions paradoxales ont été produites à l'occasion du mode de nutrition chez le fœtus. Le liquide amniotique trouvé dans l'estomac de certains embryons, avait porté à admettre que ce fluide était l'élément nutritif. Il suffit, pour rejeter cette opinion, de savoir que les fœtus astomes ou sans bouche, que les acéphales se développent, et que l'on a saisi le passage de ce fluide dans la trachée artère, voie complétement insolite aux alimens. Ce n'est pas le fluide allantoïdien qui porte l'élément nutritif ; les voies excrétoires parcourues par ce fluide prouvent qu'il est excrémentitiel. La

vésicule ombilicale ne saurait fournir assez de matériaux pour la nutrition du fœtus mammifère. Elle y contribue dans le principe, mais elle
est bientôt remplacée par les vaisseaux ombilicaux. La gélatine de
Warton se trouve dans une proportion trop petite au moment où le
fœtus a besoin d'une grande quantité de matériaux nutritifs pour qu'on
puisse admettre qu'elle est le foyer de nutrition du fœtus. L'absorption des eaux de l'amnios par l'enveloppe cutanée est encore un
opinion fautive, puisque au moment où le fœtus, pour sa croissance,
devrait opérer une absorption très énergique, il se dépose sur toute
la périphérie de son corps vers le sixième mois, un enduit caséeux
qui résulte de la secrétion des glandes sébacées et qui met obstacle à
tout phénomène de résorption. C'est donc par le placenta et au
moyen de la circulation que les élémens nutritifs arrivent au fœtus
des classes élevées.

Dans la série animale, il y a trois modes de nutrition. Les animaux
à placenta unique reçoivent directement le sang maternel pour l'assimiler à leurs organes. Les vivipares à placentas multiples reçoivent
leurs élémens nutritifs par l'absorption au point de contact des
cotylédons et des villosités choriales : enfin, le vitellus est le foyer
unique de nutrition de tous les ovipares.

La vie intra-utérine résulte de l'exercice régulier de ces principales fonctions du fœtus et se partage en trois temps, pour l'ordre
d'apparition et de développement des organes. M. Flourens, nomme
germe cette tige primitive de l'animal, qui pousse des appendices
latéraux comme le végétal fait croître des bourgeons. On la voit
apparaître et se développer pendant les quarante premiers jours après
la conception. L'*embryon* se caractérise par la formation complète et
progressive de tous les organes ; il commence aussitôt que le germe
est distinct, et se termine au quatrième mois, époque de la viabilité ;
enfin, depuis le moment où le petit est viable, jusqu'à la naissance,
temps employé à la perfection de l'organisme, c'est l'état *fœtal*. Les
mots de *germe*, d'*embryon*, de *fœtus*, ainsi déterminés seraient fort

avantageux pour éclairer la médecine légale, l'art des accouchemens et l'évolution organique empreinte de tant de confusion et de contro-verse dans les auteurs.

L'accroissement de l'organisme, très rapide dans le principe, s'opère toujours d'une manière graduelle, progressive et se prolonge sans in-terruption même après la naissance. Cette force sans cesse active, s'ar-rête et décroît à une certaine époque ; c'est pourquoi des physiolo-gistes admettent deux forces dans la formation des parties, l'une de *consistance*, l'autre de *permanence*. Dans la formation de nos orga-nes, il n'y a aucune stase complète il est vrai ; mais on peut saisir le moment où la force de développement est très marquée pour carac-tériser les trois temps de la gestation.

Le germe, l'embryon, le fœtus, forment ces trois degrés succes-sifs, que parcourt l'être animé, durant l'évolution intra-utérine. Le germe subit quelquefois des métamorphoses au dehors des organes ou de l'œuf; c'est alors pour le professeur l'état de *larve*. Les marsu-piaux et le têtard, parmi les animaux vertébrés, nous en offrent des exemples. Les métamorphoses des insectes ne sont encore autre chose que l'évolution fœtale, qui se passe sous nos yeux. Le nouvel être se forme donc, considéré d'une manière générale, tantôt à l'ovaire, tan-tôt dans l'oviducte et la matrice, tantôt jusqu'hors des voies génitales.

Le premier point visible du germe, a la forme d'un ver, d'un ser-pent, et mieux d'une tige recourbée sur elle-même, ayant une ex-trémité volumineuse, c'est la tête; et un prolongement terminal effilé pour la moelle épinière. Par des calculs combinés, elle paraît avoir 5 lignes, du quinzième au vingtième jour. Cette tige est l'axe cé-rébro-spinal, et la base primitive et fondamentale de tout l'animal. Cet axe nerveux est un centre autour duquel viennent se grouper les organes pour le protéger et le nourrir. Sans nous arrêter aux enve-loppes de protection, toujours existantes, on voit le système vascu-laire se former pour alimenter le fluide nerveux, et le canal digestif apparaître ensuite, afin de préparer les sucs constitutifs du sang; qui

23

anime le système nerveux. Cette progression de développement est très belle et s'observe bien chez les ovipares.

L'animal formé aussitôt que le système nerveux central apparaît, entretient donc son existence, à l'aide des appareils circulatoires et digestifs, et manifeste sa vie, par le système musculaire. Tous les organes puisent ainsi leur premier principe d'action et leur vie, dans ce système primordial, auquel ils sont subordonnés à ce point que, altérer ce système, c'est les altérer; l'anéantir, c'est les anéantir. La prééminence de l'axe nerveux central, était indispensable pour régler tout le rouage organique des animaux.

Cette prééminence du système nerveux central n'avait pas été déterminée par l'observation directe et l'expérience avant les travaux de M. Flourens, et beaucoup d'auteurs plaçaient ailleurs le premier principe d'action et de formation des animaux. Aristote croyait que le cœur était la première partie formée de l'organisme. Galien et ses disciples considéraient le foie comme cette première base. L'on admit plus tard une puissance, en vertu de laquelle toutes les parties excentriques convergeaient vers le centre pour se réunir sur la ligne médiane, etc., etc. Autant d'erreurs que d'opinions; car la base fondamentale et le premier principe d'action de tout animal, réside évidemment dans l'axe nerveux central.

La tige primitive, qui constitue cet axe nerveux, offre plusieurs faces à considérer. La *face tergale*, éprouve peu de changemens, parce qu'il ne s'y développe aucune partie; son redressement même s'opère d'une manière passive; la *face ventrale* éprouve de grandes modifications, car sur elle apparaît successivement, la face, siége des organes des sens; la poitrine, centre de la circulation et de la respiration; l'abdomen siége des organes digestifs et des appareils sécrétoires; sur les *faces latérales*, d'abord lisses et arrondies, un petit tubercule, pousse, grandit, pour former la main, l'avant-bras et le bras, ou le pied, la jambe et la cuisse; de chaque côté s'opère ainsi ce mode d'évolution des membres thoraciques et pelviens. Buffon a calculé le développement progressif du fœtus dans sa totalité, et prenant 1 pouce à un mois, pour point de départ, il est arrivé à 18 pouces au terme de la naissance ; calcul très imparfait dans toutes ses parties.

Dans le principe, l'axe nerveux central et tous les organes des cavités splanchniques, qui paraissent à sa face antérieure, sont toujours enveloppés par une membrane pellucide, diaphane et d'une telle ténuité, que des auteurs prétendent encore que les viscères sont à nu, dans les premiers temps de l'évolution. Ils considèrent l'enveloppe tégumentaire, comme formée de deux pièces latérales distinctes, qui tendent sans cesse à se réunir sur la ligne médiane du fœtus pour renfermer peu à peu les organes. C'est principalement sur le système osseux qu'ils établissent le développement excentrique des animaux ; mais ce système arrive trop tard pour résoudre le problème du développement central ou excentrique des animaux, car l'os est déjà muqueux, cartilagineux lorsque l'ossification survient, comme simple moyen de perfection dans l'organisation. Dailleurs, l'ossification est accidentelle, et souvent elle manque. Chez les marsupiaux, il n'y a aucun vestige d'ouverture à l'abdomen, par l'absence du cordon ombilical. Dans les mollusques et les articulés, la fine membrane tégumentaire se prolonge à la face tergale, et il n'y a plus d'ouverture à la face ventrale ; ce qui décide ainsi de la plus grande promptitude à se clore de la face ventrale ou tergale ; c'est la position du système nerveux central.

Le germe, ce rudiment de l'animal pour arriver à l'état de fœtus, parcourt une série d'évolutions, considérée par les modernes, comme une succession d'états transitoires et temporaires, qui chacun en particulier, représentent des états permanens d'espèces animales inférieures, placées dans l'échelle zoologique. Le fœtus humain a d'abord la forme d'un ver, d'un serpent, plus tard, il ressemble aux mollusques, il lui pousse des appendices comme aux batraciens ; puis il se rapproche du poisson cartilagineux et parvient au degré le plus élevé de structure par l'ossification de son squelette intérieur. Cette théorie sur le parallèle entre les âges et les espèces, peut être portée fort loin soit pour le fœtus pris en totalité, soit pour ses organes considérés dans leur mode d'évolution et rapprochés des états permanens des mêmes organes chez les animaux vertébrés et invertébrés (1).

---

(1) La *monstruosité*, question toute génétique, à peine effleurée dans ses principaux caractères par les auteurs, encore empreinte d'un cachet merveilleux pour le vulgaire, vient de recevoir dans les leçons de M. Flourens un degré de clarté et de précision qui laissent bien peu de chose à désirer pour l'histoire générale et la classification des germes monstrueux. L'organogénésie anormale ou la monstruosité résulte toujours, pour le professeur, d'un trouble organique survenu durant l'évolution, et elle se divise en classes, ordres, genres et espèces. Les *classes*, au nombre de trois, reposent sur 1° les causes par arrêt de développement 2° les causes externes ou de pression, 3° les causes pathologiques. Les *ordres* ou effets généraux de ces causes comprennent toutes les difformités ou troubles de position, de couleur, de nombre, de conformation, de volume, etc., etc. Les *genres* résultent des troubles survenus dans les grands systèmes organiques. Enfin, les *espèces* sont les altérations de chaque organe en particulier. Les germes monstrueux viennent pour ainsi dire se ranger d'eux-mêmes dans cette habile classification, et reçoivent souvent à leur entrée un terme nouveau qui est le cachet d'un *mode spécial* pour le genre, l'espèce, etc. Ainsi, lorsque dans les causes externes ou de pression la greffe animale s'opère au moyen de parties semblables (*jumeaux siamois*), c'est l'*homonadelphie* de M. Flourens,........ Mais au moment de reproduire ces leçons puissantes d'intérêt et de science, notre tâche et notre droit se terminent avec ces paroles du professeur : « L'année prochaine je me propose de vous soumettre, avec les faits à l'appui, le résultat de mes recherches embryologiques, déjà fort avancées, et de reprendre complétement toute cette importante matière ». Le rédacteur suivra M. Flourens dans ses investigations nouvelles et se fera un devoir de reproduire, autant que possible, les leçons de 1837.

FIN.

(181)

EXPLICATION DES PLANCHES.

PLANCHE Ire.

Organes de formation de l'appareil génital de la femme.

A, utérus. — B, col de l'utérus. — C, vagin. — DD, trompe de Fallope. — EE, ovaires. — FF, ligamens ronds. — G, artère aorte. — HH, artères iliaques. primitives. — II, artères iliaques externes. — KK, artères iliaques internes ou hypogastriques. — LL, *artères utérines.* — MM, artères *ovariques.* — NN, artères rénales. — O, veine cave inférieure. — PP, veines iliaques primitives. — QQ, veines iliaques externes. — RR, veines iliaques internes ou hypogastriques. — SS, *veines utérines.* — TT, *veines ovariques* — UU, veines rénales. = VV, les reins. — XX, les capsules surrénales et leurs vaisseaux. — YY, les uretères.

PLANCHE II.

Organes de formation et d'accouplement de l'appareil génital de la femme.

A, plan antérieur de l'utérus recouvert par le péritoine. — A', cavité de l'utérus, orifice interne de la trompe de Fallope. — BB, les ovaires. — C, la trompe droite, et C' la trompe gauche et sa cavité. — DD, ligamens ronds ; les expansions fibreuses droites sont disséquées, I, au devant de la symphyse pubienne. — EE, ligament large. — F, la vessie. — G, le canal de l'ouraque oblitéré. — H, l'intestin rectum. — I, symphyse des pubis. — KK, l'os ischion. — L, le clitoris et son ligament suspenseur. — M, corps caverneux du clitoris. — N, muscle ischio-clitoridien. — OO, les petites lèvres ou nymphes. — P, le plexus rétiforme. — QQ, muscles constricteurs du vagin. — R, surface interne du vagin. — S, le conduit de l'uretère qui se rend à la vessie.

PLANCHE III.

OEuf humain.

Fig. 1. — On a figuré une coupe verticale de l'utérus pour envelopper un œuf humain qui possède ainsi toutes ses membranes, et montrer la position normale et réciproque de toutes ces parties. — A, feuillet direct ou utérin de la membrane caduque. — B, feuillet réfléchi de la membrane caduque. — C, membrane caduque placentale ou de seconde formation. — D, le chorion. — E, la membrane amnios dans laquelle on voit le fœtus.

Fig. 2. — A, La membrane chorion hérissée de villosités, dernières terminaisons des vaisseaux ombilicaux. — B, houppe de villosités plus marquées qui devait former le placenta.

Fig. 3. — A, le chorion et les villosités à sa surface externe. — B, villosités réunies pour former le placenta. — C, le chorion enlevé pour montrer la membrane amnios.

Fig. 4. — A, le fœtus dans la membrane amnios, — B, la vésicule ombilicale mise en position. — C, le chorion. — DD, le gâteau placentaire.

Fig. 5. — Placenta d'enfans jumeaux. — AA, le placenta. — B, cordon ombilical recouvert par les membranes et la gélatine de Warthon. — B', veine ombilicale séparée. — CC, artères ombilicales. L'injection poussée par ces vaisseaux ne pénètre pas dans les cotylédons du placenta voisin ; ils n'ont que des rapports de contiguïté. — DD, l'amnios. — EE, le chorion.

Fig. 6. — A, l'ovaire. — B, le corps jaune coupé verticalement. — C, le tissu propre de l'ovaire.

Fig. 7. — Fœtus de six semaines.

Fig. 8. — Fœtus de trois mois et demi.

PLANCHE IV.

OEuf de cochon (pachydermes).

Fig. 1. — A, la membrane chorion. — B, l'amnios qui renferme le fœtus. — C, la vésicule ombilicale et sa chalaze qui se rend au chorion. — D, la

membrane allantoïde séparée du chorion de ce côté de l'œuf. — EE, appendices vésiculaires de l'allantoïde. — F, cordon ombilical. — HH, les
disques qui forment les placentas.

Fig. 2. — Élémens séparés du cordon ombilical. — AA, les artères ombilicales. — B, la veine ombilicale. — C, portion de la vésicule allantoïde conservée. — D, le canal de l'ouraque. — E, la vessie, — F, le
foie.

Fig. 3. — A, corne de l'utérus coupée. — B, l'ovaire, et B' les œufs jaunes
plus volumineux que les vésicules. Cet ovaire ressemble assez à la grappe
des oiseaux. — C, la trompe utérine, — D, le pavillon de la trompe sous
forme d'un vaste évasement sans laciniures externes, mais avec des plicatures de la membrane muqueuse.

PLANCHE V.

OEuf de la vache (ruminans).

Fig. 1. — Un seul œuf disséqué de manière à montrer tous ses élémens
constitutifs. — AA, la membrane chorion. — C, la membrane amnios. —
D, la vésicule allantoïde. — E, la vésicule ombilicale et sa chalaze qui se
rend au chorion. — F, le cordon ombilical. — G, les vaisseaux ombilicaux.
— BBB, les cotylédons placentaires.

Fig. 2. A, portion de l'utérus. — B, placenta utérin.

Fig. 3. — A, portion de l'utérus d'une brebis. — B, placenta utérin. — C,
déboîtement cotylédonaire. — D, le chorion et le placenta fœtal.

Fig. 4. — Élémens séparés du cordon ombilical. — A, la veine ombilicale
bifurquée près du foie. — B, vaisseaux omphalo-mésentériques. — C,
embouchure de l'ouraque à l'allantoïde. — D, origine du canal de l'ouraque à la vessie. — E, pédicule de la vésicule ombilicale à l'intestin.
— F, le foie. — G, la vésicule ombilicale. — Cette figure est double de la
grosseur naturelle de la pièce anatomique.

Fig. 5. — A, le chorion. — B, le placenta fœtal de la vache.

Fig. 6. — A, l'ovaire, — B, coupe verticale du corpus luteum.

PLANCHE VI.

OEufs de chien et de chat (carnassiers),

Fig. 1. — OEuf complet de chat. — A , la membrane *chorion.* — C, la vésicule ombilicale que l'on aperçoit à travers le chorion. — B, l'amnios difficile à voir. — D, intervalle compris entre l'amnios et le chorion, et occupé par la vésicule allantoïde. — E, le placenta circulaire.

Fig. 2. — A, la membrane chorion. — B, l'amnios. — C, la vésicule ombilicale. — D, la *vésicule allantoïde.* — E, face utérine du placenta.

Fig. 3. — E, face fœtale du placenta. — BB, *amnios.* — A, vaisseaux ombilicaux.

Fig. 4. — A, vaisseaux ombilicaux. — B, le foie. — C., la *vésicule ombilicale.* — D, le pédicule de la vésicule ombilicale. — E, face fœtale du placenta étendue. — F, la veine ombilicale. — G, les artères ombilicales. — O, les vaisseaux omphalo-mésentériques.

Fig. 5. — OEuf de chien. — A, le chorion. — B, l'amnios. — C, la vésicule ombilicale. — D, l'allantoïde. — E, le placenta.

Fig. 6. — A, portion de l'utérus. — B, ovaire et *corps jaunes.* — C, pavillon de la trompe.

PLANCHE VII.

OEuf de lapin (rongeurs).

Fig. 1. — Membrane *amnios.* — B, placenta. — C, débris de la vésicule ombilicale. — D, vaisseaux omphalo-mésentériques.

Fig. 2. — A, la *vésicule ombilicale.* — B, le pédicule des vaisseaux omphalo-mésentériques. — C, la membrane amnios. — D, face utérine du placenta.

Fig. 3. — A, le *chorion.* — B, les vaisseaux utéro-placentaires injectés. — C, la membrane muqueuse de l'utérus. — D, le placenta utérin. — F, le placenta fœtal.

Fig. 4. — A, la *vésicule allantoïde.* — B, le canal de l'ouraque.

Fig. 5. — AA, face fœtale du placenta bilobée chez les lapins, et formée par un seul gâteau vasculaire chez le cochon d'Inde. — B, canal de l'ouraque coupé. — C, vaisseaux omphalo-mésentériques. — D, vaisseaux ombilicaux. — EE, débris des membranes de l'œuf.

Fig. 6. — A, face interne du placenta. — B, plan interne de l'utérus. — C, lumières des vaisseaux utéro-placentaires.

PLANCHE VIII.

OEufs de poule (ovipares).

Fig. 1. — AA, œufs fécondés et adhérens à la grappe. — B, la cicatricule. — C, œufs non fécondés. — D, pavillon évasé de la trompe ou oviducte. — EE, oviducte. — E', terminaison de l'oviducte distendu par l'œuf. — F, le cloaque. — G, l'intestin rectum.

Fig. 2. — A, la figure veineuse. — B, *vena terminalis* des auteurs. — C, le vitellus ou jaune. — D, la petite chalaze.

Fig. 5. — A, le vitellus. — B, la vésicule allantoïde et son pédicule au cloaque. — C, l'amnios.

Fig. 4. — A, le jaune. — B, son pédicule à l'intestin grêle.

Fig. 5. — A, le crochet corné. — B, le vitellus rentré dans l'abdomen du fœtus.

PLANCHE IX.

OEufs de reptiles et poissons (ovipares).

Fig. 1. — OEuf de tortue avec la coquille.

Fig. 2. — OEuf de tortue. — A, allantoïde. — B, amnios. — C, vaisseaux ombilicaux. — D, le vitellus.

Fig. 5. — Fœtus de tortue. — A, le vitellus. — B, son pédicule à l'intestin grêle.

Fig. 4. — OEuf de couleuvre à collier. — A, le chorion. — B, le vitellus. — C, l'amnios.

Fig. 5. — A, fœtus de couleuvre. B, une portion du vitellus. — C, son pédicule à l'intestin grêle.

Fig. 6. — OEufs de grenouille. — A, enveloppe gélatiniforme. — B, œuf.

Fig. 7. — A, œuf de squale. — B, les vrilles. — CC, les deux pôles revêtus d'une simple membrane.

Fig. 8. — A, œuf de raie. — B, les appendices. — CC, les deux pôles revêtus par une simple membrane.

Fig. 9. — Fœtus d'aiguillat (squale). — A, le vitellus. — B, son pédicule.

Fig. 10. — Œuf d'ovo-vivipare. — A, la vipère dans l'oviducte. — B, l'oviducte. — D, le vitellus.

PLANCHE X.

Organes de la circulation du fœtus humain.

Fig. 1. — AA, les ventricules. — B, oreillette droite. — C, oreillette gauche. — DD, aorte. — E, canal artériel. — F, tronc de l'artère pulmonaire. — F, branches qui se rendent au poumons. — G, tronc brachio-céphalique. — HH, artères carotides primitives. — II, artères sous-clavières. — K, veine cave inférieure. — L, veine cave supérieure. — M, veine sous-clavière gauche. — NN, appendices auriculaires.

Fig. 2. — Face inférieure du foie. — A, lobe gauche. — B, lobe droit. — C, lobe Spigel. — D, vésicule biliaire. — E, veine ombilicale. — F, branche anastomotique réunissant la veine ombilicale avec G, la veine porte. — I, le *canal veineux*. — K, veine cave inférieure. — L, oreillette droite du cœur. — M, le ventricule droit du cœur. — N, la veine cave supérieure. — O, l'appendice auriculaire.

Fig. 3. — A, le ventricule gauche — A'A', le ventricule droit ouvert. — B, oreillette gauche. — D, oreillette droite ouverte. — E, le trou Botal.

Fig. 4. — Appareil *ombilico-placentaire*. — A, la veine ombilicale. — BB, les artères ombilicales. — C, l'ouraque. — D, la vessie. — E, les vaisseaux omphalo-mésentériques. — F, le foie. — G, les intestins grêles. — H les élémens du cordon réunis. — I, le placenta.

TABLE DES MATIÈRES.

(190)

FIN DE LA TABLE.

ERRATA.

Page 1, — au lieu de Ζωςν, lisez ζωόν.

Page 5, — ligne 11, au lieu de *ignorance*, lisez *obscurité*.

Page 13, — ligne 12, au lieu de *touses attributs*, lisez *tous ses attributs*.

Page 12, — ligne 14, supprimez le mot *immuable*.

Page 49, — ligne 8, au lieu de *multilobulaires*, lisez *multiloculaires*.

Page 98, — ligne 2, au lieu de *émetterons*, lisez *émettrons*.

Page 130, — supprimez le mot *incontestable*.

Page 154, — ligne 25, au lieu de *tonrner*, lisez *tourner*.

Page 155, — ligne 15, au lieu de *esours*, lisez *secours*.

Page 166, — ligne 30, ajoutez : — Une seule fécondation de la paludina vivipara suffit pour produire plusieurs générations successives; mais il n'y a pas absence complète de fécondation, comme le croyait Spallanzani.

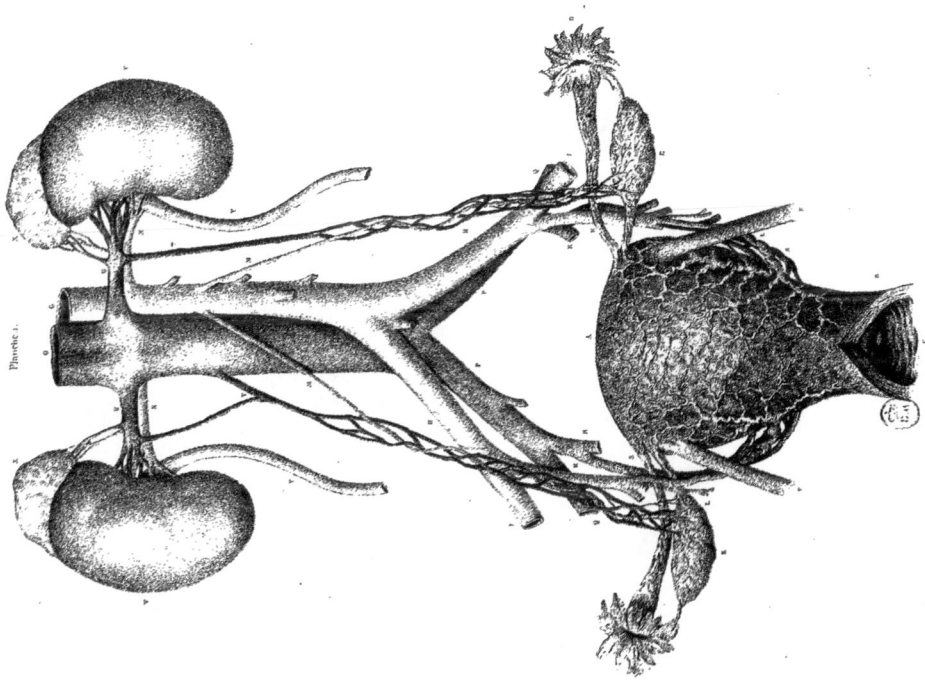

Dessiné d'après nat. par Palmaïs Vaissport.

Gravé par Decharmes

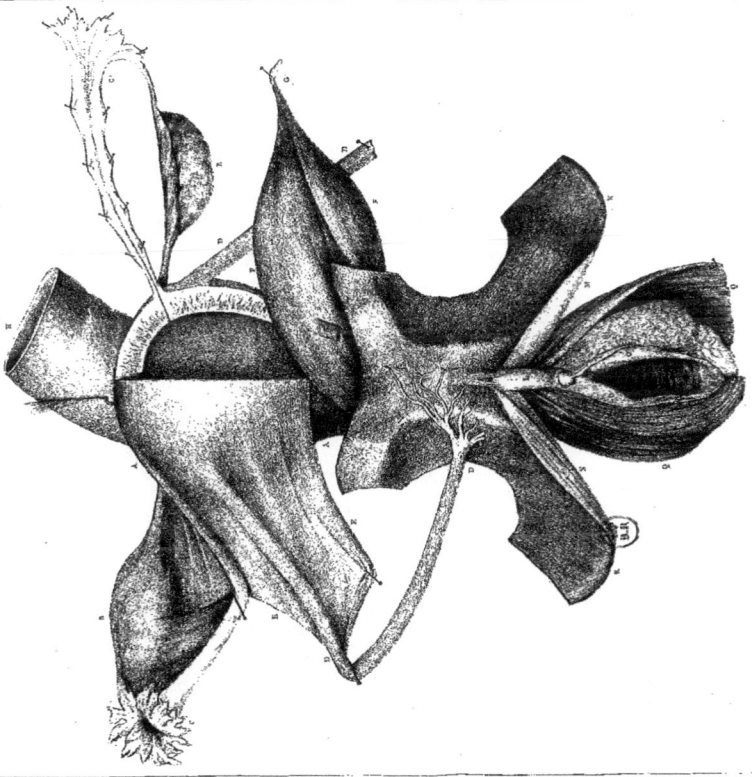

Dessiné d'après nature par Palanca Touquart.   Préparé par Sonchotere.   Lith. de Jeannerade Frey.

Fig 1

Fig 4

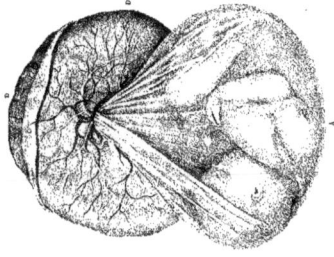

Fig 3

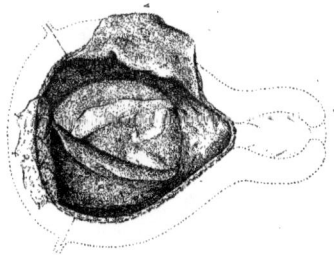

Fig 5

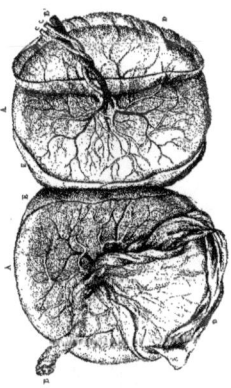

Fig 8

Fig 5

Fig 6

Fig 7

Fig 2

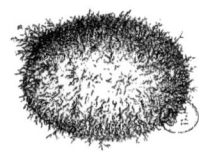

Dessiné d'après nature par Tribout et Tronquart.   Préparé par Deschamps.   Lith. de Bernadin Frey.

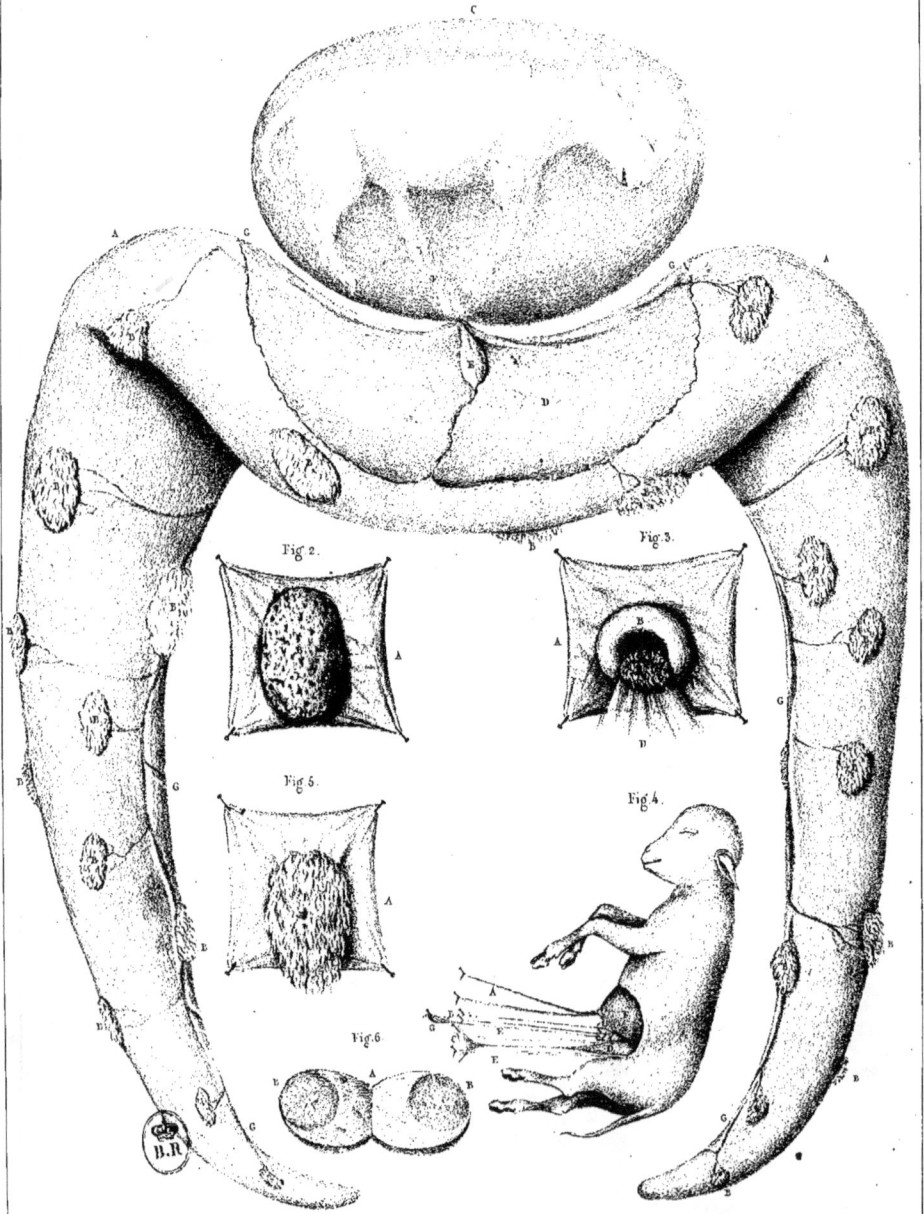

Planche V.

Fig 2.   Fig 3.

Fig 5.   Fig 4.

Fig 6.

Dessiné d'après nature par Palmire Tvinquart.   Préparé par Deschamps.   Lith. de Bernard et Frey.

Planche V.

Fig. 1.

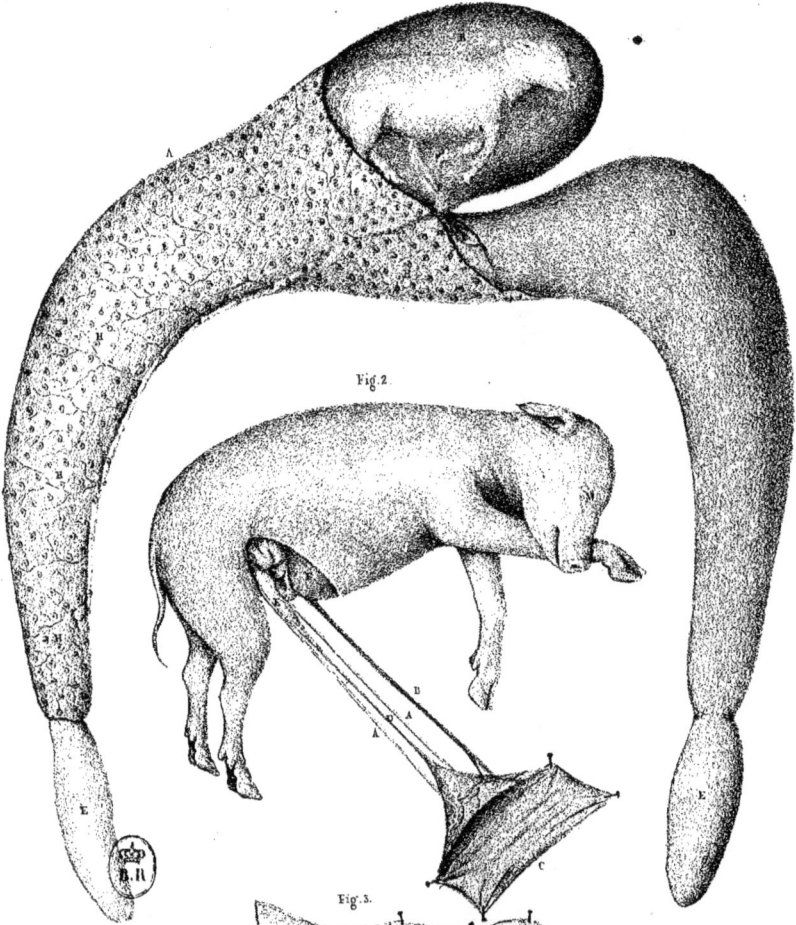

Fig. 2.

Fig. 3.

Dessiné d'après nature par Palmire Tranquari.   Préparé par Deschamps.   Lith. de Benard et Frey.

Planche VI.

Fig. 1
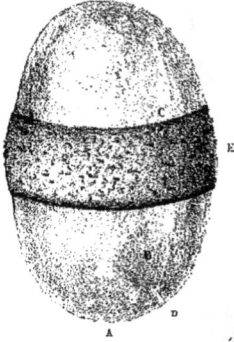

Fig 2.
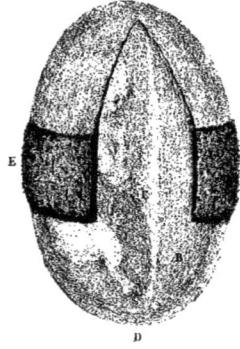

Fig. 5

Fig. 6
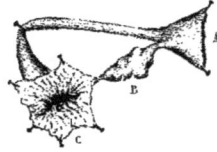

Fig 3.
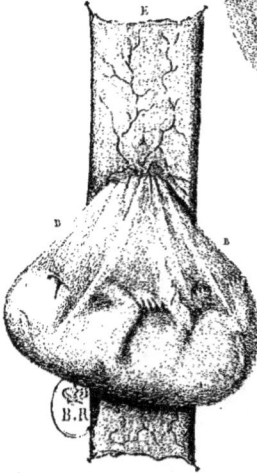

Fig 4
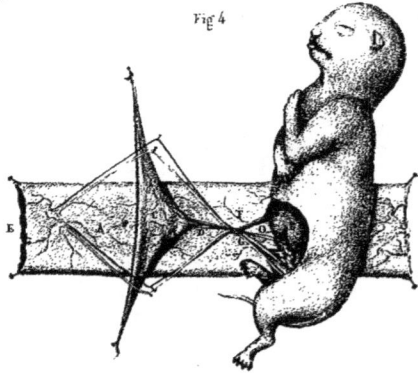

Dessiné d'après nature par Palmare Trinquart.   Préparé par Deschamps.   Lith de Benard et Frey.

Fig 1

Fig 2

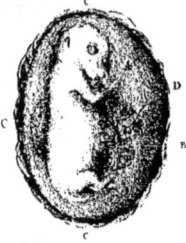

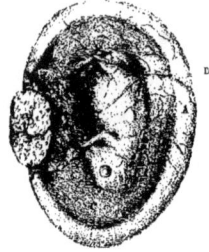

Fig 3

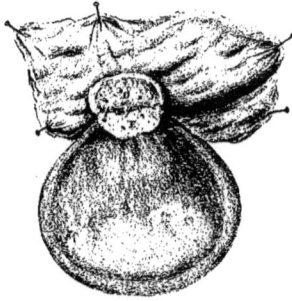

Fig 4

Fig 6

Fig 5

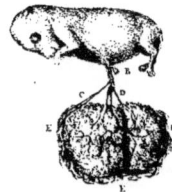

dessiné d'après nature par Palmire Tranquart   Préparé par Deschamps.   Lith de Denard et Frey

Fig 2.

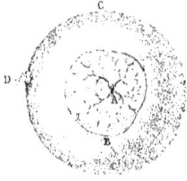

Fig 3.

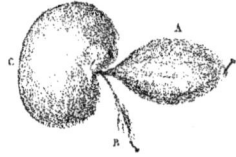

Fig 1.

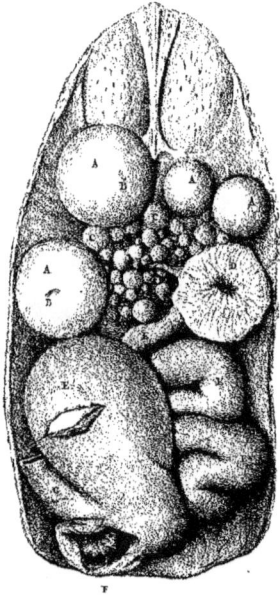

Fig 5.

Fig 4.

Dessiné d'après nature par Palmire Trinquas.   Préparé par Deschamps.   Lith. de Benard et Frey.

Fig 1.

Fig 3.

Fig 2.

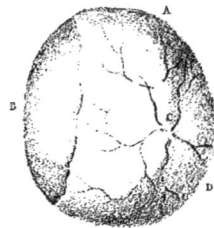

Fig.10.

Fig 6

Fig 4.

Fig.5.

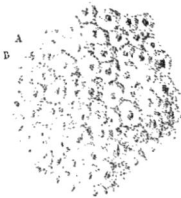

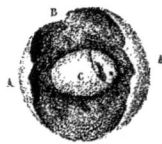

Fig 9

Fig 8

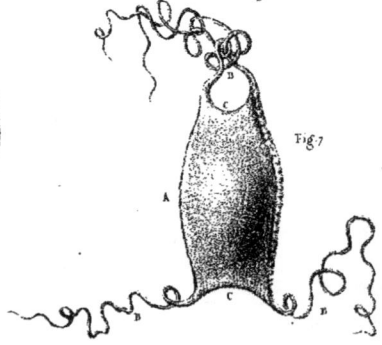

Fig.7

Dessiné d'après nature par Paimire Trinquart

Lith de Benard et Frey.

Planche X

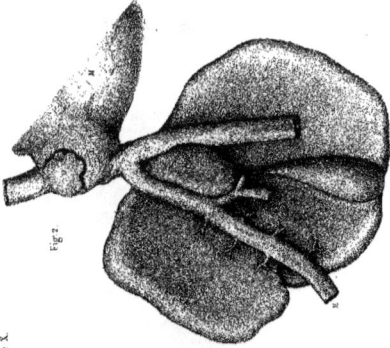

Fig 2

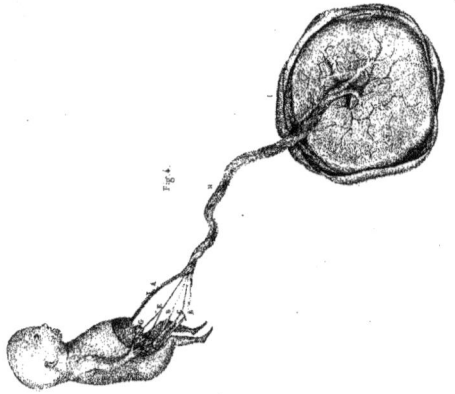

Fig 4

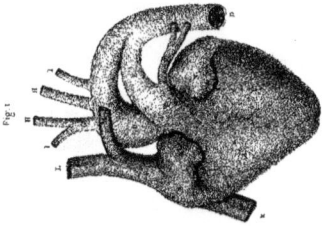

Fig 1

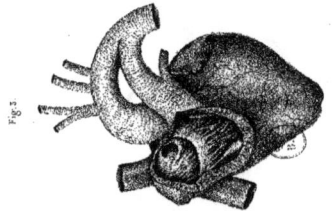

Fig 3

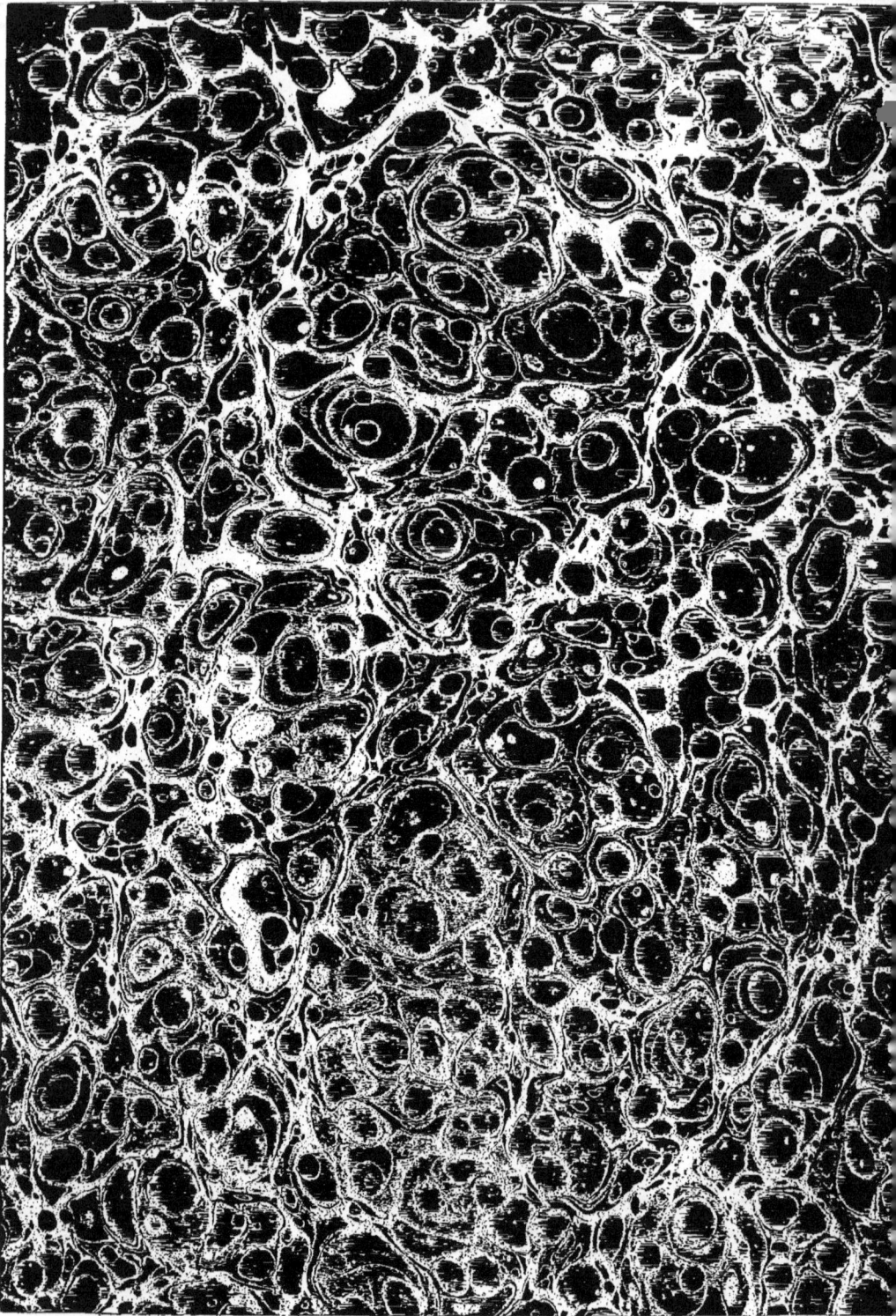

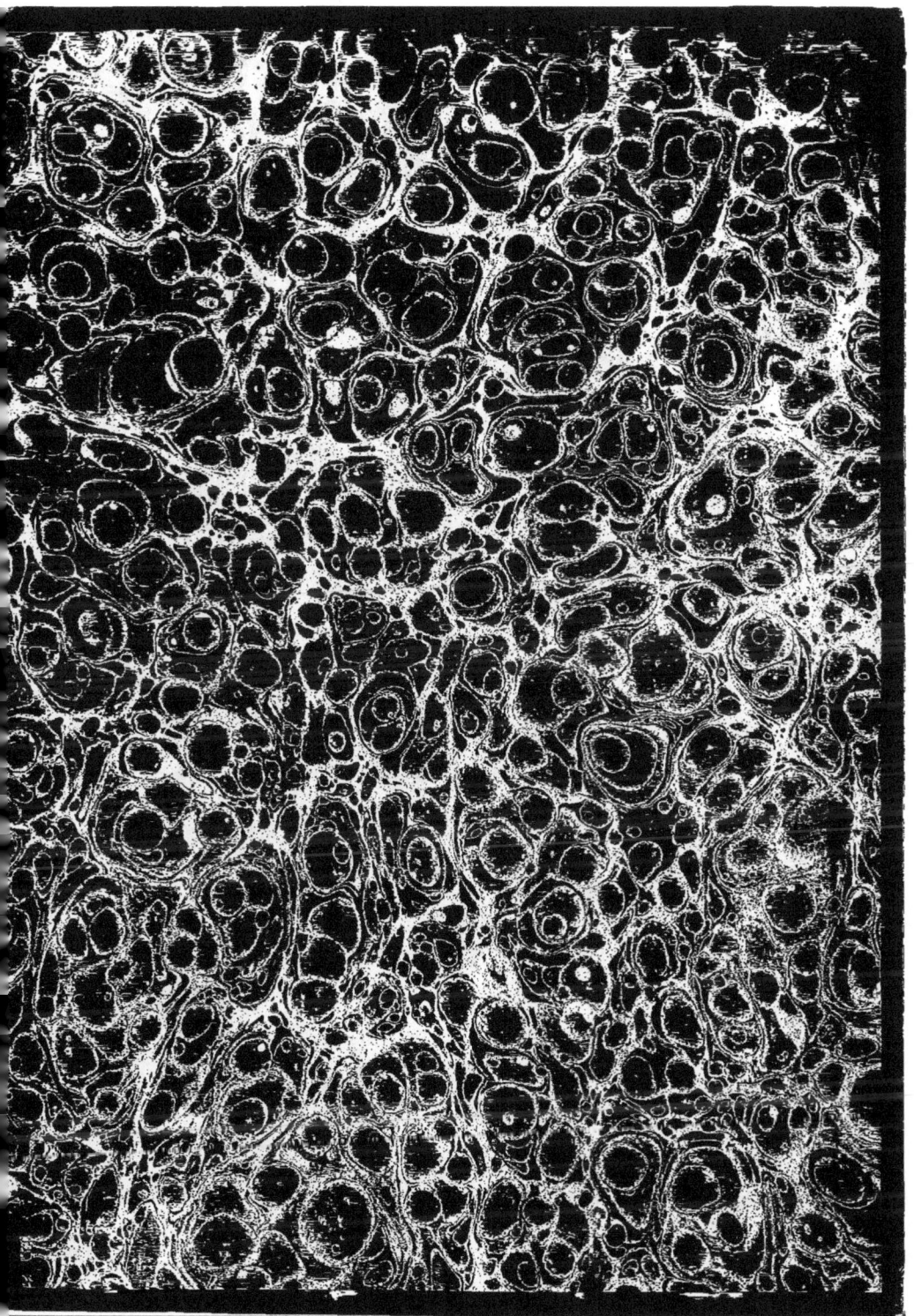

www.ingramcontent.com/pod-product-compliance
Lightning Source LLC
Chambersburg PA
CBHW071701200326
41519CB00012BA/2583